高职高专"十三五"规划教材

江苏省高校品牌专业"服装与服饰设计"系列教材

从材料出发
——服装创意立体造型

王淑华　张晶暄　著

CONG CAILIAO
CHUFA
FUZHUANG CHUANGYI
LITI ZAOXING

U0292074

化学工业出版社

·北京·

内容提要

《从材料出发——服装创意立体造型》一书强调了材料的重要性，服装造型设计必须遵循材料的特性。由此作者选取了天然纤维中常见的棉、毛、麻、丝和化学纤维中比较常用的聚酯纤维来做典型的造型案例，通过实例来说明材料对于造型的重要性。在各章所列举的创意立体造型案例中，作者特意融合了一些中国传统服饰工艺，间接向读者传播中国传统服饰文化。比如第2章关于苎麻织物的造型尝试，特意选取了一款用传统绩线方法加工的朱砂红夏布来做实验，对消失已久的夏布进行性能测试和现代服饰造型塑造，为了说明传统手工艺与现代机器工艺的差别，另外又选取了一款机织的苎麻布来做比较试验；第3章选用了传统手织生丝布来塑造小礼服造型，并用中国流传几千年的植物蓝染技术进行渐染实验，将传统与现代有机结合；第4章棉织物的立体造型中，对机织棉布进行了煮练和柿染处理，柿染是中国古代传承下来的植物染色技术；第6章虽选取的材料是聚酯纤维，但在立体造型中融入了中国传统拼布艺术，将古代八角星纹与现代服装的立体结构进行融合设计；最后一章的授课内容为虚拟仿真立体造型技术，目的是说明可以运用现代技术创新传统技艺。

本书适合服装设计专业的学生或者感兴趣的社会人士阅读。

图书在版编目（CIP）数据

从材料出发：服装创意立体造型 / 王淑华，张晶暄著. —北京：化学工业出版社，2019.11（2024.2重印）
ISBN 978-7-122-35774-8

Ⅰ.①从… Ⅱ.①王… ②张… Ⅲ.①服装 - 造型设计 - 高等职业教育 - 教材 Ⅳ.① TS941.2

中国版本图书馆 CIP 数据核字（2019）第 258320 号

责任编辑：蔡洪伟　　　　　　　　　　文字编辑：李 佩
责任校对：赵懿桐　　　　　　　　　　装帧设计：王晓宇

出版发行：化学工业出版社（北京市东城区青年湖南街13号　邮政编码100011）
印　　装：北京虎彩文化传播有限公司
787mm×1092mm　1/16　印张11¼　字数257千字　2024年 2月北京第1版第2次印刷

购书咨询：010-64518888　　　　售后服务：010-64518899
网　　址：http://www.cip.com.cn
凡购买本书，如有缺损质量问题，本社销售中心负责调换。

定　　价：58.00元

现代设计教育如何培养与发展，一直有许许多多的困惑：如何激发学生独立思考和创新的能力？如何处理当下的教育模式和方法存在的诸多问题？在多年的服装设计教学过程中，我们发现学生遇到的一个最典型的问题，那就是对于材料的认知与选择。先有设计稿再去找面料似乎是专业练习中的惯例，然而学生们常常拿着稿子却找不到理想中的面料来完成设计；或者拿到手的面料又不知如何去有效处理。简而言之，对材料没有清晰的认识，那也就做不出真正的设计。

《考工记》中提到："天有时，地有气，材有美，工有巧。合此四者，然后可以为良。"中国传统工艺美术注重因材施艺，许多设计大师也都在强调，将设计的原点定位于材料的感知，是一种比较可靠的创作方式。材料的属性决定了服装的形式表面、结构、容积和空间等内容，学会使用工具和设备处理材料，熟悉造型表现的原理，让学生的感性知觉和理性思维结合起来，是创作美与实用物品的基础。现代设计教育创始于20世纪初的包豪斯学院，包豪斯学院基础课程中包含了大量对于金属、木头、纺织材料、玻璃等材料的处理内容，基础课程完成之后进入各个工坊进行学习，其中编织工坊的教师安妮·艾尔伯斯曾在其著作 On Weaving 中描述过不同的原材料的特性与编织不同纹理之间的关系，强调处理材料要遵循它自身的规律；贡布里希也曾在《秩序感》一书中提到材料与装饰之间的密切关系，他指出"忠实于材料（truth to material）"的含义是"要表现木材就该像木材一样，要表现石头就该像石头一样"，说明了处理材料不能违背材料的属性问题。

材料作为一种形式语言，有自己一套固有的自然法则和独立的语言系统，对材料的尊重与理解是造物的基础。只有读懂了材料，将它的"自组织能力"发挥出来，人与材料之间才会产生一种美妙的互动。

服装创意立体造型的第一步就是要读懂材料，做遵循材料自身规律的创意设计。《从材料出发——服装创意立体造型》一书撰写的初衷是向学生强调理解材料的重要性，我们选取了天然纤维中常见的棉、毛、麻、丝和化学纤维中比较常用的聚酯纤维来做典型的造型案例。因本次出版时间仓促，设计实验尚处于探索阶段，目前所起的关键作用可能只是抛砖引玉，期待学生们做出更多更好的设计作品。

作为中国文化自信的具体尝试与实施，我们在创意立体造型的案例中，融合了一些中国传统的服饰工艺。比如第 2 章关于苎麻织物的造型尝试，特意选取了一款用传统绩线方法加工的朱砂红夏布来做实验，对消失已久的夏布进行性能测试和现代服饰造型塑造，另外又选取了一款机织的苎麻布来做比较试验；第 3 章选用了传统手织生丝布来塑造小礼服造型，并用中国流传几千年的植物蓝染技术进行渐染实验；第 4 章棉织物的立体造型中，我们对机织棉布进行了煮练和柿染处理，柿染也是中国古代传承下来的植物染色技术，经过柿漆染色后的面料和服装，颜色越晒越深；第 6 章虽选取的材料是聚酯纤维，但在立体造型中融入了中国传统拼布艺术，将古代八角星纹与现代服装的立体结构进行融合设计。

我们希望本书能让学生一方面意识到传统的重要性，另一方面也要清楚前沿的服饰技术，第 7 章的授课内容为虚拟仿真立体造型技术，目的是让学生们知道，我们是可以运用现代技术来传承传统技艺的。

本书中的案例还不足以说清材料的所有种类和特性，在我国乃至世界各地，目前仍然有很多珍贵的服饰材料，如中国西南的火草布和亮布、海南的木棉衣和树皮衣、赫哲族的鱼皮衣，以及在国内已经消失的芭蕉布和葛布等，这些传统织造技艺尚待开发与传承。

在该书的撰写过程中，笔者为了搜集和了解一些典型的材料，多次到贵州少数民族地区进行调查，寻找手织布；也曾到江西景德镇拜访传承人，寻找合适的夏布；专程到武汉拜访植物染传承人了解传统染色工艺；多次实验手纺手织和植物染色，过程虽然很辛苦，但也感受到满足与快乐，若能向学生们说清楚问题，那就正是本书的撰写初衷了。

由于时间限制，本书的内容只能在提出"从材料出发"的理念基础上做初步的尝试，尤其对于夏布的实验探索目前仍不成熟，除了材料本身的处理技术问题之外，还需我们进一步在工艺上进行各种实践和比较；其他材料的探索也需进一步实验，找出更加成熟的设计方案，希望本书的观念能够抛砖引玉，有更多人参与研究材料的多向可能性。

著者

2019 年 11 月于常州

目录

第1章

创作的逻辑——从材料开始

回想一下，过去你是如何创作的
是不是先画设计稿，再去找面料做衣服
这样做，你有没有碰到一些问题
比如，找不到合适的面料，只能退而求其次
或者，做面料改造，发现找不到合适的处理工艺
最后做下来
发现服装的成衣效果与最开始的想法相距甚远

你有没有很认真地思考过
为什么会这样呢
费了好大劲却做不出满意的结果
设计过程到底出了什么样的问题
其实是——
我们的创作方式本末倒置了

早在远古时期
人类在打磨石器时
就学会了选择不同的岩石来制作不同的石器
比如
选用硬度大的石头做石斧
选择硬度小的石块做石镞
用纹理细密、色彩晶莹的美石做佩玉
直至今天
当你在博物馆看到这些出土实物时
仍然觉得它们质朴可爱、打动人心

中国是最早做丝绸的国家
四千多年的制丝历程
让我们积累了大量处理丝线的经验
西汉纺织技术巅峰时期
用生丝方孔平纹织物做素纱襌衣
外形虚无缥缈
至今轻薄无双（图1-1）

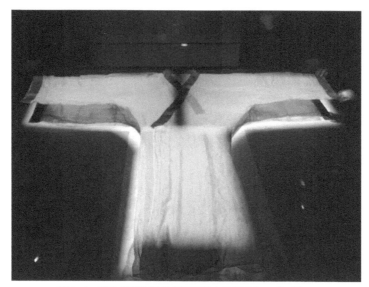

图1-1　湖南省博物馆仿制的西汉素纱襌衣与原件对比图

《诗经·曹风·蜉蝣》记载："蜉蝣掘阅，麻衣如雪"
记载了"中国草"——苎麻夏布的状态
它洁白如雪、细软如丝、挺括滑爽
同样的麻料
平民穿粗布衣，贵族着精细的苎衣
即粗糙布衣是平民百姓的日常穿着
（"布衣"一词由此而来）
而精细的苎麻衣是贵族们穿着的奢华服饰

说了这么多
就是想强调
如果想要做出经典的设计
你的创作必须从理解材料开始
除了挺括度、悬垂性、回弹性这些材料学基本特征
你还得去感知材料
观察它、触摸它、用心体会它
即关注材料感知学
材料学重视客观认知
而材料感知学重视人的主观感受
所以设计必须以人的感受为本
材料与人
亲密合一

做设计
从感知材料开始
而不是从设计稿开始
先有材料
再有设计
而后才能做出好的设计
这就是本书要讲的主要内容

在后面章节中
我们会选取典型的材料
从感知开始
依据材料个性
理解它
与它共处和对话
做最适合它性格的创意立体造型
这些
才是经典创作的基础
也是普遍的设计原理

第2章

「中国草」：苎麻布服装的创意立体造型

款式 1　夏布·朱砂红叠褶翻领连衣裙

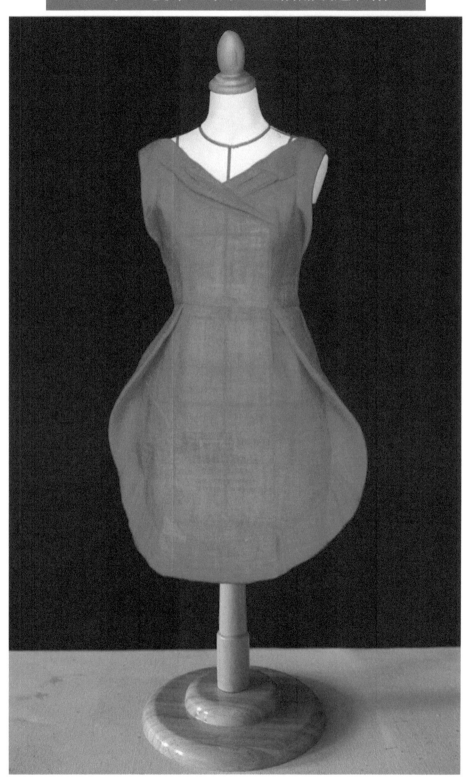

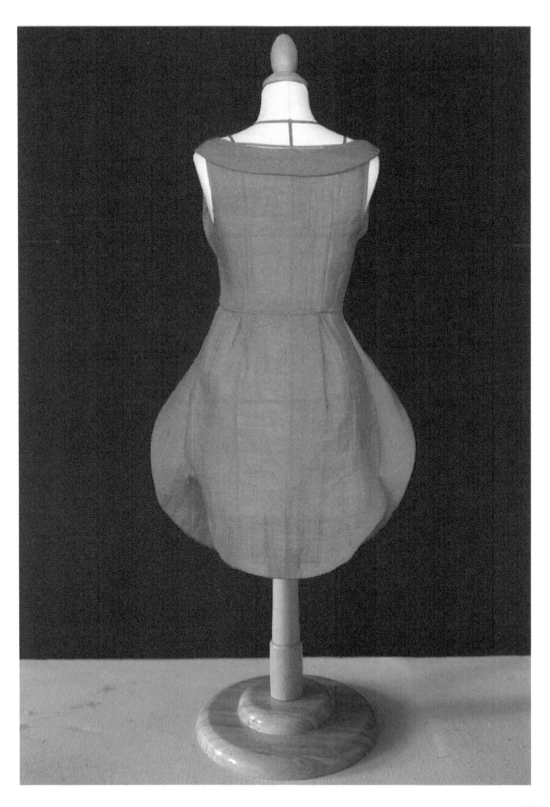

夏布看似粗粝，却抚之柔软，

看似陈旧朴素，却淡然若风，

它完美地与中国人的东方气质相契合，

质朴、素淡、平和、低调，

有一种时光里无言的淡定从容。

《诗经》中记载了千年夏布的制作工艺，诗中的"沤苎"描述的就是把麻放在清水池里发酵，使纤维中的胶质脱掉，以便纺绩成纱。元代以前中原地区还没有将棉花广泛用于纺织，苎麻是主要的纺织原料之一。

夏布是一种历史悠久的地方传统手工艺品，是以苎麻为原料编织而成的麻布。因麻布常用于夏季衣着，凉爽适人，又俗称夏物。夏布经过独特的传统手工艺绩麻，再用天平腰机纺织加工而成，是传统的服装面料（图2-1）。四川的荣昌夏布制作技艺于2008年被列入《国家级非物质文化遗产名录》，除此之外，还有江西万载（见图2-2）、湖南浏阳的夏布工艺在持续传承。日本越后上布、小千谷缩，韩国韩山苎麻纺织工艺分别于2009年、2011年被列入联合国教科文组织《人类非物质文化遗产代表作名录》。2019年5月在江西景德镇三宝蓬艺术聚落艺术中心的百年成"绩"夏布服饰收藏品展上展出了日本江户时期夏布狂言服和清末民初诸多夏布服装，见图2-3和图2-4。

图2-1　当代夏布面料

（图片来自百年成"绩"夏布服饰收藏品展）

图2-2　江西万载夏布

（图片来自"闲云夏布"）

图2-3　日本江户时期夏布狂言服局部

（图片来自百年成"绩"夏布服饰收藏品展）

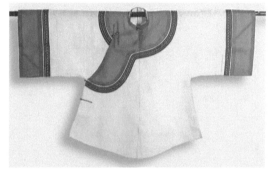

图2-4　清代蓝边夏布女衫

（图片来自百年成"绩"夏布服饰收藏品展）

2.1　历史上的夏布

我国自夏商周以来就用夏布制作丧服、深衣、朝服、冠冕、巾帽。夏布漂白以后称为白绖。夏布就是指以苎麻为原材料，采用绩麻成线的方式织造的面料。

由于夏布源于夏朝，故有人认为"夏布"名称由此而来。

但在明代出现白话文资料之前尚未发现文献记载，夏布的最初之意，应指夏用之布，指的是季节适用性，并没有特指某一织物。

唐代时，夏布因其既刚又柔、色泽诱人，"嫩白匀净，通行四方，商贾辐辏"，被列为贡品，有"白如雪、细如丝"之形容。

明、清时期，江西夏布、棠阴夏布更是名闻中外，并远销朝鲜、南洋各埠。到清末，隆昌夏布与江西万载、湖南浏阳的夏布齐名中外，成为四川主要出口物资之一。1915年，隆昌夏布商李洪顺定制了两匹细夏布送往美国旧金山太平洋万国博览会展览，被评为品质优良的产品，获工艺品名誉奖。20世纪20～30年代，由于人造丝制品的兴起，夏布业日见萎缩。

2.2　夏布织造工艺

夏布的生产原料是苎麻，苎麻是中国古代重要的纤维作物之一（图2-5），原产于中国西南地区。苎麻纤维是韧皮纤维，质感光亮，结实耐用。

一匹苎麻布需要经过收割、剥麻、沤麻、绩线、整经、编织整道工序方能成型，与其他天然纤维的工艺有所不同的是，苎麻线的形成需要把韧皮撕开、连接成线，即破麻成缕、接线成纱，谓之"绩"（图2-6）。古时的芭蕉丝也是采用同样的接线手法。现代工业化的麻织物通常都是将麻线打碎、纺线、加捻之后用机器编织而成，织物的光泽度、平滑度和悬垂度都与绩麻工艺相差甚远。

图2-5　苎麻作物

图2-6　苎麻经过剥皮、绩线等工序后编织

（图片来自百年成"绩"夏布服饰收藏品展）

2.3　感知苎麻布

样布：半手工夏布（经向机器纱、纬向手工绩纱）、100 条、朱砂橘、平纹。

手感：略微粗糙、骨架明显、质感爽弹（图 2-7）。

观感：光泽透亮、轻薄通透、古朴自然。

悬挂：30cm 的夏布垂坠下来时纬向较硬挺，骨架比经向更加明显，角度接近 90 度。

微观：观布镜下的夏布纤维看起来光洁顺滑、光泽亮丽（图 2-8）。

服装造型推荐：运用其挺括度塑造服装局部立体的领形与袖形，其他部位应结构简洁，让夏布的材料个性自主发挥。

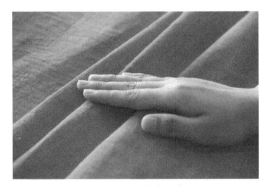

图 2-7　夏布的手感

图 2-8　夏布的观感、悬挂与微观

2.4　朱砂红夏布服装立体造型

2.4.1　款式分析

图 2-9：此款叠褶翻领连衣裙使用质感硬挺的夏布面料进行创作，运用翻折叠褶的手法，生动地处理了领口和裙摆的造型，后领通过肩端转折连通至前袖窿，巧妙地将领与袖连接起来，充分运用了布料翻转的效果使服装更具灵动之感。

成衣的制作利用该款夏布经纬向纱线捻度不同而形成的垂度差异，使服装整体外造型具有流线转折的特殊效果。

本款服装立体裁剪使用的为 1：2 大小的 165/84A 女体人台。

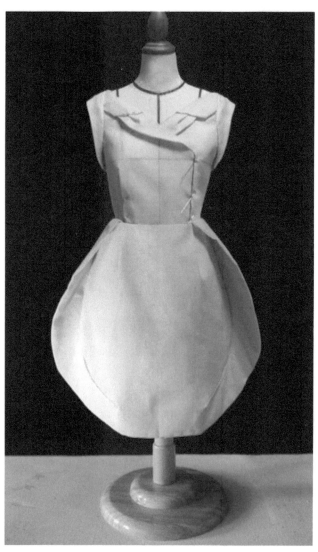

图 2-9

2.4.2 操作步骤

（1）备布

图 2-10：备布图。

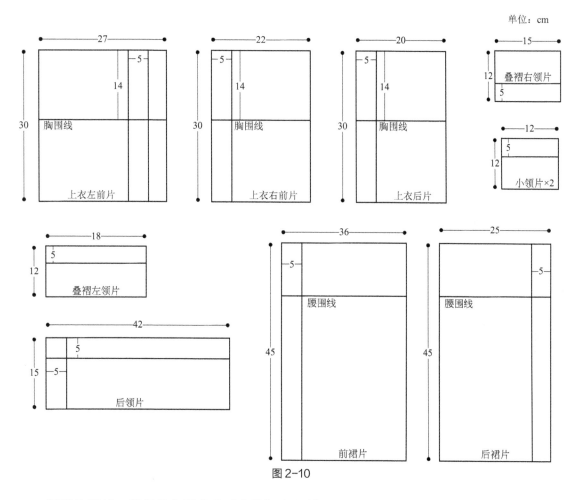

图 2-10

熨烫和画线：根据备布图准备对应的坯布面料。

（2）贴人台标记线

图 2-11：先贴基准线，包括前中线、后中线、肩斜线、侧缝线、胸围线、腰围线、臀围线、领圈弧线、袖窿弧线和公主线。

基准线贴完后，从肩端到胸围上方 2cm 处，将左右翻领造型贴完整。在后背贴出领部造型线，并贴出 4cm 的翻领宽度。

在立体裁剪制作过程中注意结构线划分的合理性。

领口弧线造型设置要自然流畅，符合人体的曲线。

后领弧线的粘贴要保证后领造型均匀流畅。

（3）制作上衣左前片

图 2-12、图 2-13：首先将备布的前中心线、胸围线与人台上对应的线条对齐，抚平

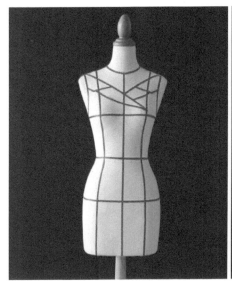
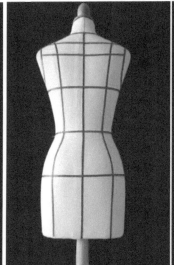
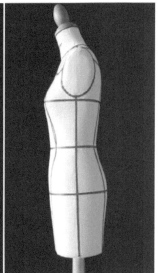

图 2-11

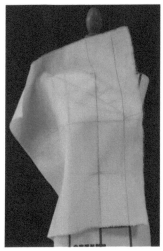

图 2-12

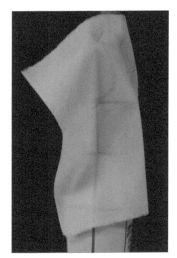

图 2-13

胸围线上部分的面料，将余量转折至腰部位置，随后在关键位置进行固定。

胸围线部分要适当留出大于 0.5cm 的松量。

图 2-14：在腰节线和公主线相交部位捏出省道，省道左右两侧要分别别出 0.5cm 的松量。

中心线右侧位置同样要别出 0.5cm 的松量。

图 2-15：别缝好对应点后，在面料上根据造型线重新贴上标记带，腰围和省道部分用笔画出点画线。

用剪刀在距离标记线 2cm 左右处修剪掉多余面料，修剪整理完成后如图 2-15 所示。

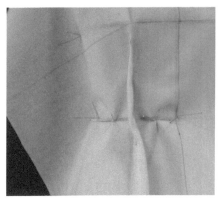

图 2-14

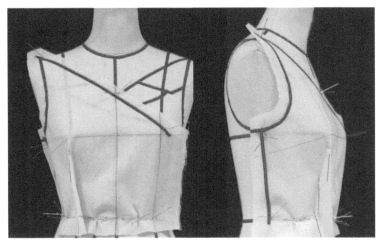

图 2-15

（4）制作上衣右前片

图 2-16：取出对应面料将前中线和胸围线同人台标记线对齐，在胸围线上方将面料抚平，随后扎针固定。

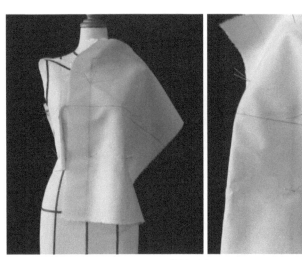

图 2-16

图 2-17：用珠针别出腰部松量 0.5cm，随后抚平剩余面料，进行固定。

在人台面料上用标记线重新贴出被遮挡的造型线，并在腰节和侧缝位置用笔画出对应的点画线。

用剪刀修去多余面料，整理后如图 2-18 所示。

（5）制作上衣后片

图 2-19：将备布后中线和胸围线分别与人台上的标记线对齐别缝，抚平背宽以上位置的面料，将余量转移至腰部。

图 2-20：在后腰公主线位置捏出后腰省道，注意省道左右侧需提前用珠针分别别缝出 0.5cm 的松量。

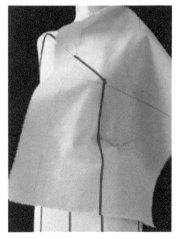

图 2-17

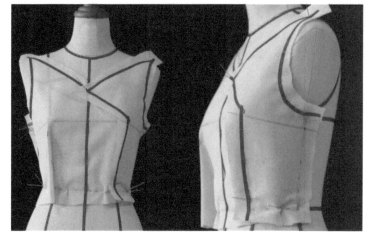

图 2-18

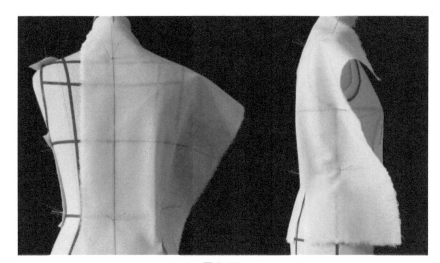

图 2-19

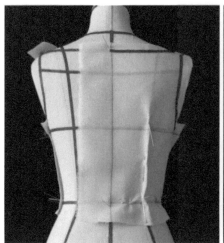
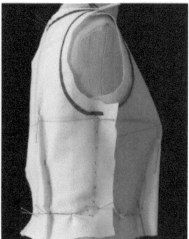

图 2-20

用标记带贴出后领和袖窿造型线，并在侧缝和腰节位置绘制点画线。

图 2-21：使用抓合法，将前后片侧缝位置抓合起来，别缝，再检查一别缝效果，使其同侧缝线一致。

修剪面料，注意保证留有足够可修改的面料余量。

（6）制作前领片

图 2-22：制作领片前，用标记线将人台领部造型线补齐，减少制作领片产生的误差。

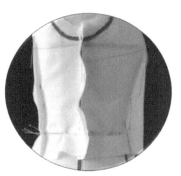

图 2-21

图 2-23：将左领备布沿着造型线对齐后扎针固定，随后在上方中点位置叠出 1cm 的褶，保证褶的走向顺着造型线方向。

用笔沿着领子的造型线将带褶领造型绘制出来。

用剪刀修剪多余面料，呈现如图 2-23 的效果。

 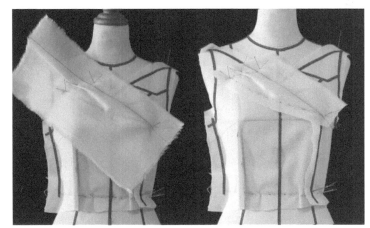

图 2-22   图 2-23

图 2-24：用左上领备布沿着造型线对齐，并扎针固定。

随后用笔沿着领造型绘制点画线。最后使用剪刀修剪多余面料。

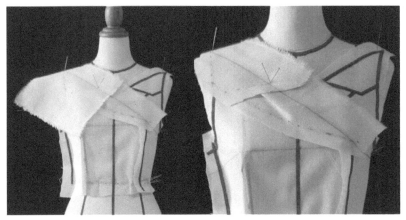

图 2-24

图 2-25、图 2-26：制作右侧领片时，同样将右侧领备布沿造型线固定扎针。

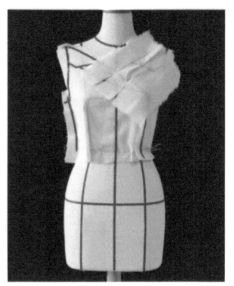

图 2-25　　　　　　　　　　图 2-26

　　在右侧领上部分中间位置同样叠 1cm 的褶，但由于右领稍短，因此在处理面料时会形成拉扯效果，此时需要沿着领边缘形成拉扯的部位剪口。

　　剪口不得超过领造型线。

　　图 2-27：使用剪刀修剪样片。

　　图 2-28：右上方领做法与左上方领一致，请参照左上方领制作方法完成。

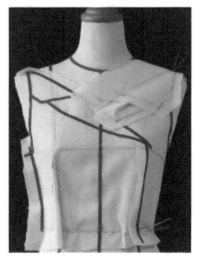

图 2-27　　　　　　　　　　图 2-28

（7）制作后领片

　　图 2-29、图 2-30：将后领备布的后中线与人台标记线对齐固定，并用剪刀沿着领口外 2cm 处，将转折面料剪开。

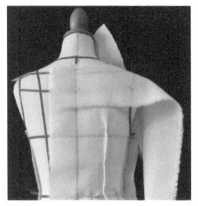

图 2-29

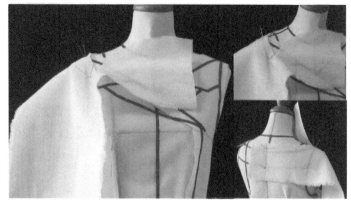

图 2-30

图 2-31：将面料沿着后领至前袖窿位置逐渐抚平并扎针固定。

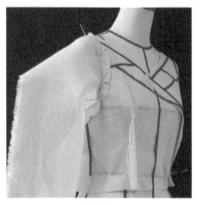

图 2-31

　　遇到袖窿转折处，由于转弯较大，需沿袖窿外缘打出剪口，剪口尖距离袖窿线约0.2cm。

　　图 2-32：根据领口宽度，在坯布上贴出标记线，转折到袖窿位置时，需根据款式进行调整。

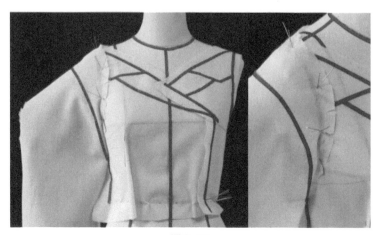

图 2-32

图 2-33：在袖窿底部，根据标记线位置，将坯布样片进行翻折并扎针固定。

图 2-33

图 2-34：使用铅笔标记出后领弧线，绘制点画线。
根据标记线和点画线，使用剪刀修剪后领至前袖的造型。

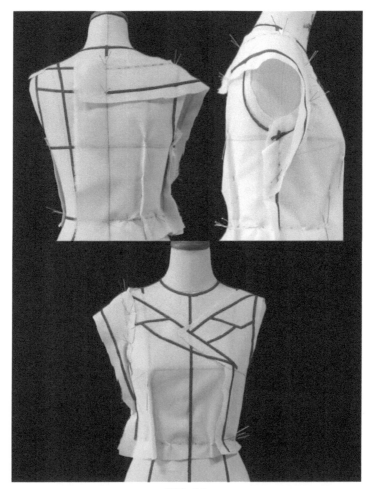

图 2-34

（8）制作前裙片

图 2-35：将备布前中心线和腰围线与人台标记线对齐并扎针固定。

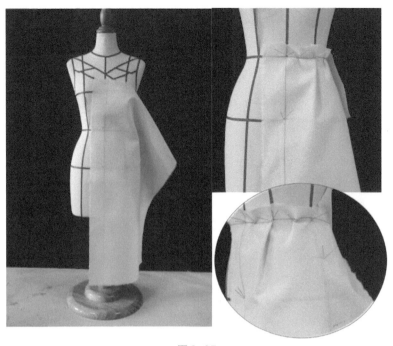

图 2-35

在腰节线与公主线相交处折出 1.5cm 的褶，并在褶左右两侧各取 0.5cm 的松量，注意裙片腰节长度应当与上衣腰节长度一致。

图 2-36：在裙长位置上方用标记线贴出转折面料的宽度，转折面料宽度 = 公主线褶到侧缝的宽度（加省道量）。

图 2-36

标记线宽度约为腰节宽度。

图 2-37：沿着之前贴的标记线，继续以弧线形式向上方贴出造型线，造型线要略高于腰节线。

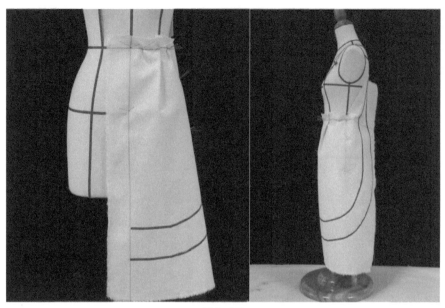

图 2-37

图 2-38：沿弧线外缘剪出转折区域，至人台下身公主线位置时停止剪开。

注意朝向中心线的内部区域剪开时，要注意尽量保证宽度为 1.5cm，不要多剪。

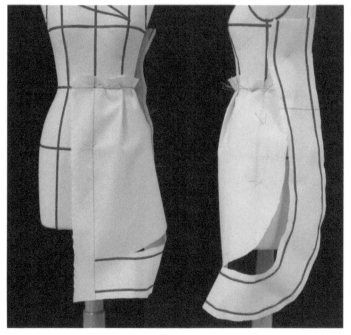

图 2-38

图 2-39：修剪侧缝部分面料，调整底摆至侧缝弧线，并将剪开区域沿裙内侧约 1cm 位置别缝。

图 2-40：别缝完成后将腰部位置翻转至折褶部位。

修剪多余面料，调整后如图 2-40 所示。

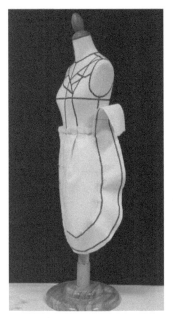
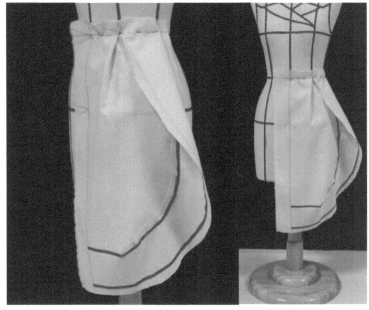

图 2-39　　　　　　　　　　　　　　图 2-40

（9）制作后裙片

图 2-41：将后裙片备布中心线和腰围线同人台上标记线对齐后扎针固定。

图 2-42：在腰节和公主线交点位置，左右各叠出 1.5cm 的褶。

在褶两侧，分别用珠针别出 0.5cm 的松量，使上下衣片腰节长度一致。

根据前片长度和造型，贴出底摆弧线并用剪刀修剪掉多余面料。

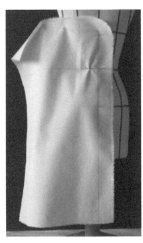
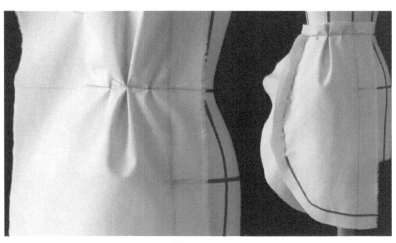

图 2-41　　　　　　　　　　　　　　图 2-42

随后，在侧缝处使用抓合法，将前后片别缝起来，得到如图 2-42 的效果。

（10）整理胚样

整理胚样见图 2-43。

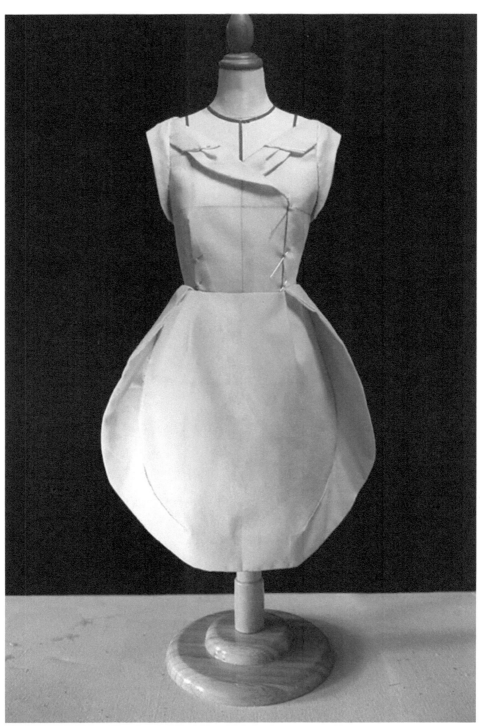

图 2-43

（11）成衣展示

成衣展示见图2-44。

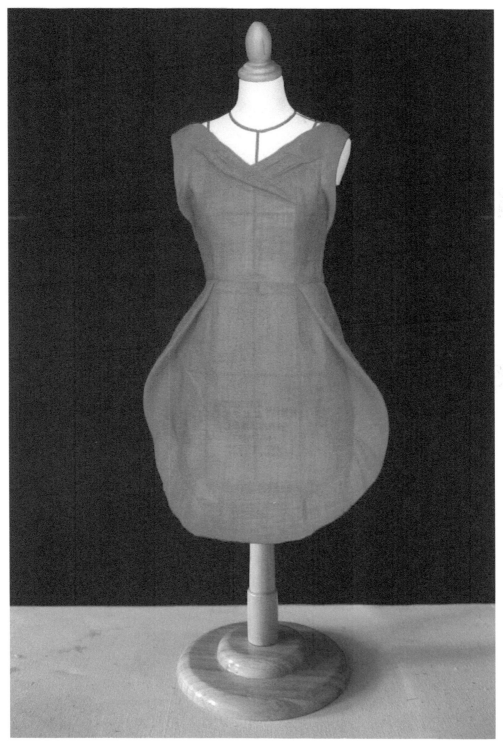

图2-44

款式 2 蓝色麻布服装的创意立体造型——斜向分割连衣裙

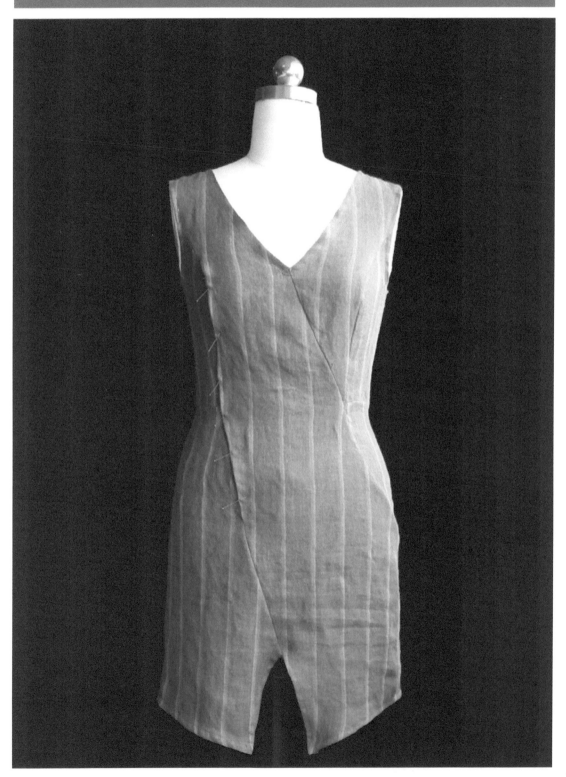

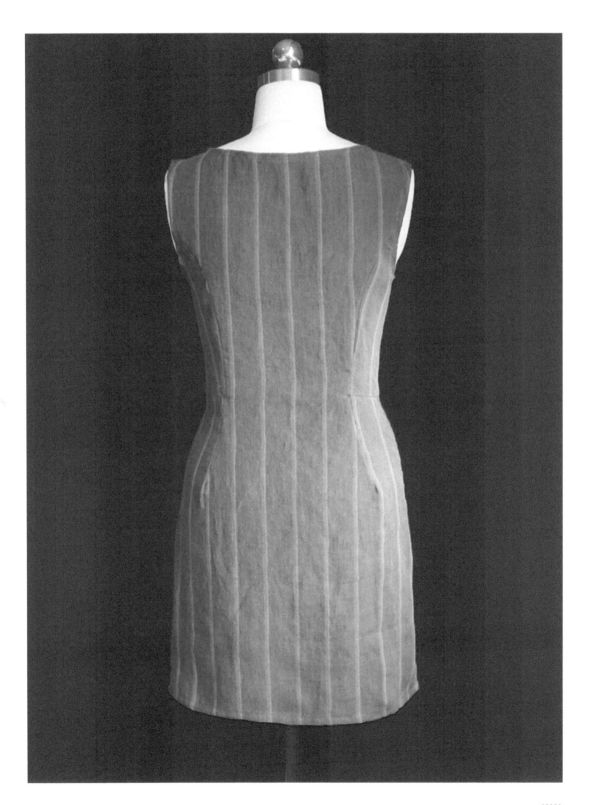

2.5 感知机织麻织物

机织麻布的悬挂、微观与感知见图 2-45。

样布：机织细条纹苎麻布、蓝色、平纹。

手感：挺括爽滑、骨感爽弹、折痕不易消散。

观感：蓝色染色较深、无明显光泽、外观朴素。

悬挂：机织麻织物垂感较好，有骨架感，30cm 的面料悬垂经向产生的角度约为 90 度。

微观：该款麻织物是苎麻纤维被打碎之后重新纺线织的布，与前面一款夏布纤维比较起来显得更加毛糙一些。

服装造型推荐：面料保留了苎麻织物的部分特点，但偏柔软一些，适用于贴身衬衫、连衣裙等简洁大方的服装款式。

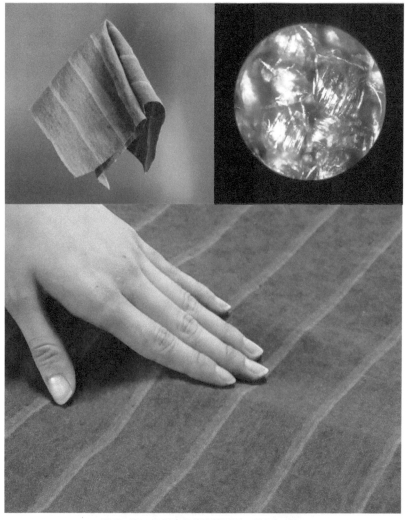

图 2-45 机织麻布的悬挂测试、微观与感知

2.6　蓝色麻织物的服装立体造型

2.6.1　款式分析

图2-46：此款斜向分割连衣裙廓形简单，前衣片由数个斜向分割的结构线划分而成，后衣片由刀背线划分而成。通过前后造型线的处理，上衣两侧取消了侧缝线，使服装整体更贴合人体造型。本款连衣裙穿着效果能凸显女性干练优雅的气质，深受淑女们喜爱。

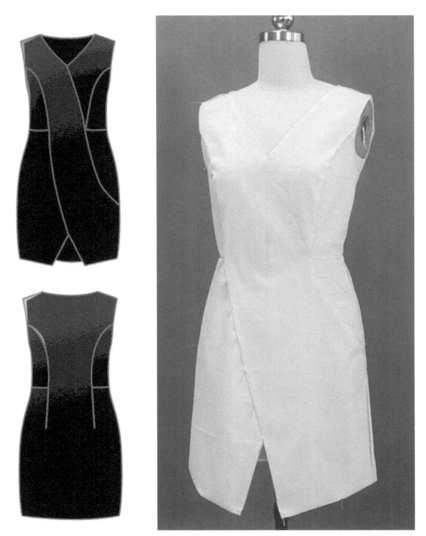

图2-46

2.6.2　操作步骤

（1）备布

图2-47、图2-48：根据款式备布。

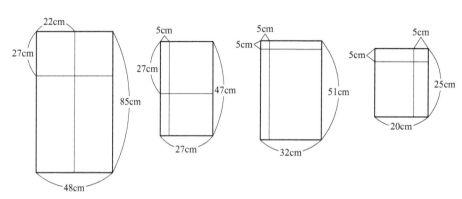

图 2-47

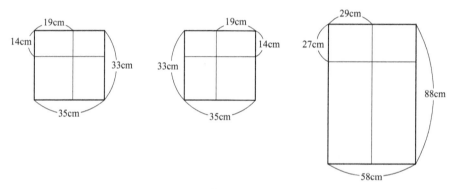

图 2-48

（2）贴人台标记线

图 2-49：先贴基准线。随后贴上造型线。

图 2-49

红色线为基准线，黑色线为造型线。

标记线要与款式相符，同时，标记线在人台上必须圆顺。后衣片的刀背缝标记线需要尽可能粘贴对称。

（3）制作左领口连接下摆的衣片

图2-50：取出准备好的前身衣片，将前中心线和胸围线与人台标记线对齐并用珠针固定，固定好后根据前胸标记线修剪领口至侧缝的布料边缘。

图2-51：剪开领口时可多放些剪口余量，方便后期样片调整。

图2-50

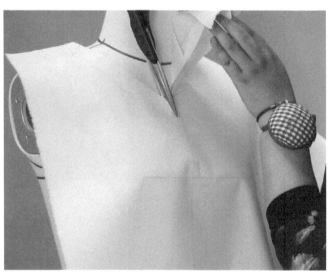

图2-51

图2-52：修剪肩线、袖窿、侧缝线，修剪袖窿到下摆的造型，在容易脱落的位置用珠针固定，注意不要拉扯布料，防止布料变形。

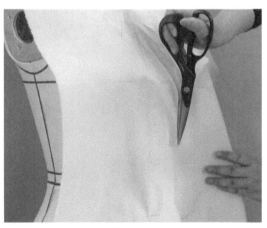

图2-52

图2-53：固定时注意要在胸围部分，以前中线为基准，在其左右两侧留出松量。

在前中线右侧臀围线处，同样也适当留1cm松量。

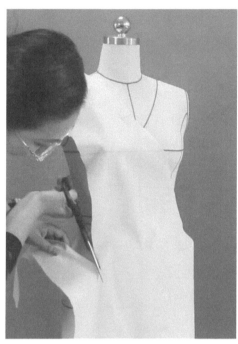

图 2-53

图 2-54：修剪完成后，可以沿着人台上标记线在衣片上点画出来，然后补齐衣片上的标记带，并用标记带贴出裙子底摆。

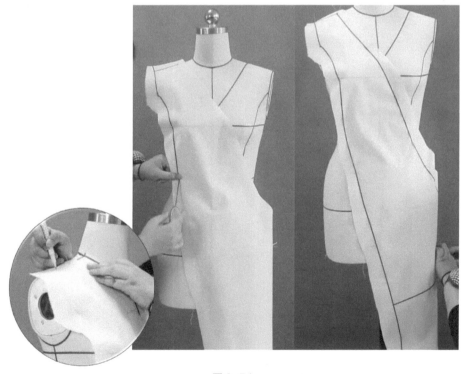

图 2-54

（4）制作右领口至腰节的衣片

图 2-55、图 2-56：取出备布，将前中心线和胸围线同人台标记线对齐固定后，同样沿着领子外缘修出右侧领口。

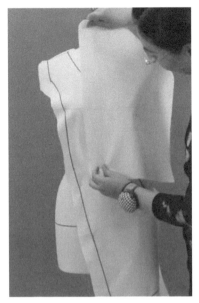

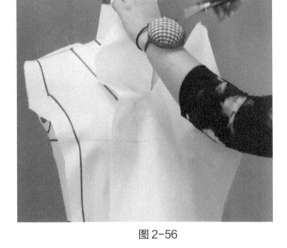

图 2-55 图 2-56

图 2-57、图 2-58：与左边衣片相同，沿着不对称分割线修剪出衣片造型后，点画好标记点并补齐标记带，注意胸口不可过于紧绷。

图 2-57 图 2-58

（5）制作连接侧缝位置的前裙片

图 2-59：拿出人台左侧裙片相应坯布，沿侧缝和腰节位置进行对位固定。

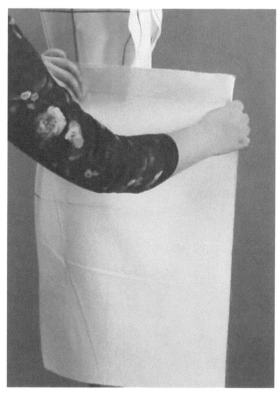

图 2-59

图 2-60：制作前身左腰侧的裙片时，在对齐腰臀辅助线后，要适当调整侧缝处，使其服帖于人体，同时，别出臀围 1cm 和腰围 1.5cm 的松量。

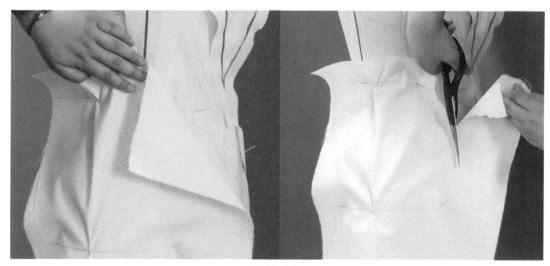

图 2-60

将腰部多余量在分割线位置放出，固定后沿着人台标记线外围修剪多余布料。

图 2-61：根据服装款式，量出裙长并用标记带贴出对应的底摆造型线。

图 2-62：拿出人台右侧裙片相应坯布，沿侧缝和腰节位置进行对位固定。

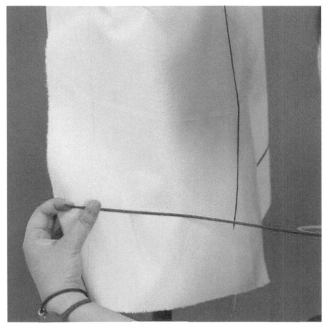

图 2-61

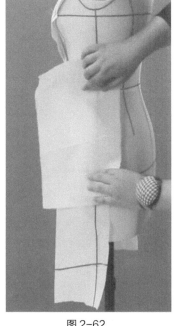

图 2-62

图 2-63、图 2-64：本片在对齐辅助线后，别出腰部 1.5cm 的松量，随后整理面料使其服帖于人体，完成后固定并绘制贴出对应造型线。

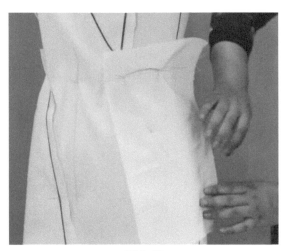

图 2-63

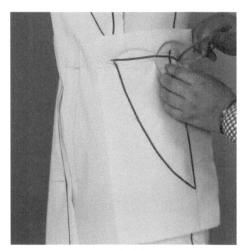

图 2-64

（6）制作后背衣片

图 2-65：将后中线与坯布上的辅助线对齐并用珠针固定布料，注意后衣片在固定时不要与人台过分紧贴，过分贴合不符合人体实际穿着的效果。

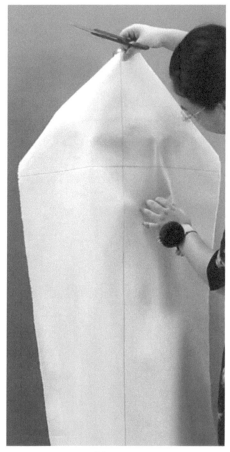

图 2-65

图 2-66：用珠针固定好后中心线和胸围线后，先用剪刀沿领口外缘将领子造型修剪出来。

图 2-66

修剪领口弧线，注意不要修剪过度，在不服帖处，可以在标记线外的预留量上打数个剪口，直到领口服帖于人体。

图 2-67：修剪肩线、袖窿线。注意修剪袖窿线时，可以在背宽线位置放总计 1cm 的松量，保证人体的活动范围。

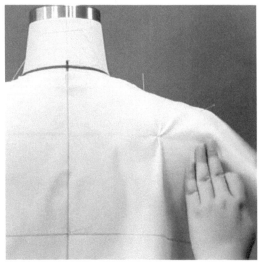

图 2-67

图 2-68：根据后背刀背线造型，可在侧缝处开出剪口，注意剪口不要超过刀背线位置，同时也要在腰节位置以上。

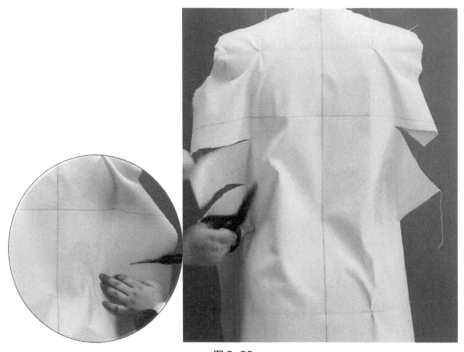

图 2-68

图 2-69、图 2-70：抚平腰节以下侧缝处面料，在臀围处左右两侧各留出 1.5cm 松量，在腰节位置别出 1.5cm 松量。

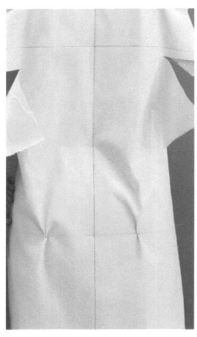
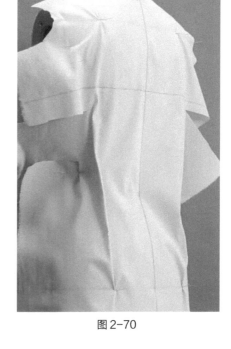

图 2-69   图 2-70

图 2-71：根据刀背线的走向，将剩余的面料沿着刀背线捏出省道，使后背面料服帖于人体，并用珠针固定位置。

左右两侧都固定完毕后，取出记号笔点画出结构造型线，并修剪多余面料。

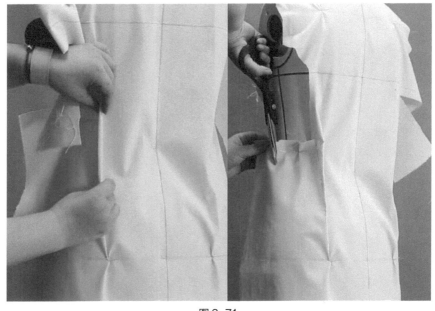

图 2-71

图 2-72：在制作后衣片下摆时，要注意测量前衣片的长度，根据前衣片长度来量取后衣片衣摆位置，确定数值后，可以用标记带贴出底摆造型并修剪掉多余面料。

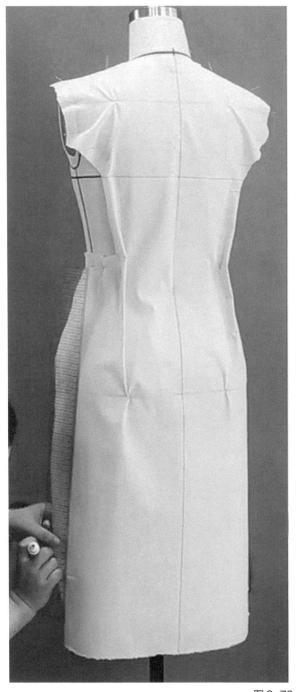
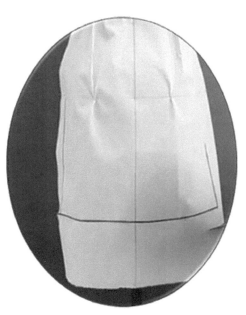

图 2-72

（7）制作侧身衣片

图 2-73：取出相应白坯布，将人台胸围线、侧缝线与衣片上的辅助线对位固定。

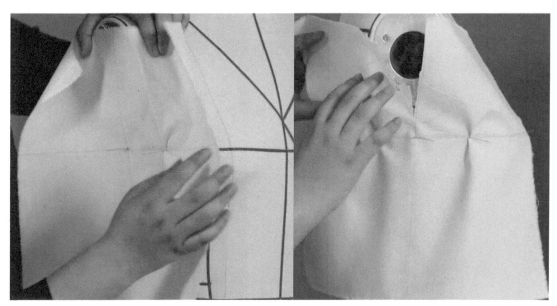

图 2-73

　　随后根据人体抚平前胸和后背的衣片，并在胸围线的位置上，别出前胸部分 0.5cm 和后背部分 0.5cm 的松量，如果面料被拉扯到，可以在袖窿位置打出剪口。

　　图 2-74：固定面料后，在腰节部位也需要在前后身腰节分别别出 1.5cm 松量，松量大小应当与之前裙子腰部别出的松量一致。

图 2-74

　　图 2-75：固定好面料后，取出记号笔，绘制衣片的结构线，修剪多余面料。右侧样片做法与左侧样片做法一致。

（8）样片整理

　　图 2-76：取下所有面料，并用尺子修顺坯布上的结构线，随后整烫，并根据款式分别将面料在桌面上别缝起来，注意别缝的间距和手法。

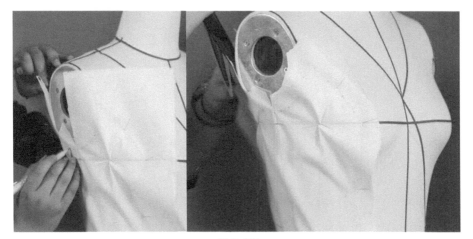

图 2-75

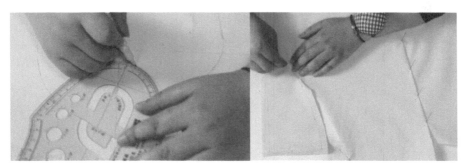

图 2-76

（9）试样

试样见图 2-77。

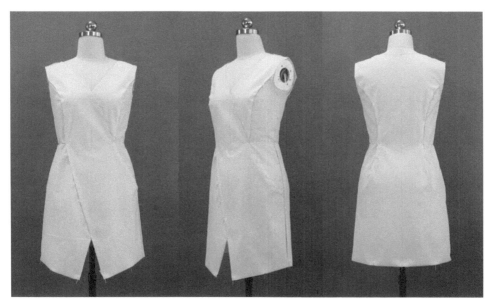

图 2-77

（10）成衣展示

成衣展示见图2-78。

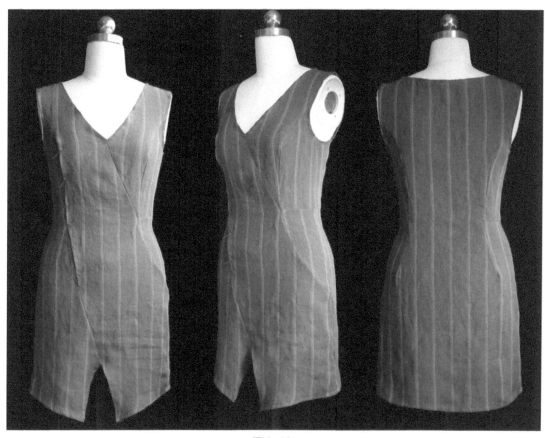

图2-78

视频：蓝色麻布服装的创意立体造型——斜向分割连衣裙视频。

视频1　　　　　　　　　视频2　　　　　　　　　视频3

第 3 章

「丝国」之丝韵：丝织物
礼服裙的创意立体造型

蓝染渐变·胸褶收腰连身小礼服裙的创意立体造型

缭绫缭绫何所似？不似罗绡与纨绮。

应似天台山上明月前，四十五尺瀑布泉。

中有文章又奇绝，地铺白烟花簇雪。

织者何人衣者谁？越溪寒女汉宫姬。

——《缭绫》节选

唐代著名诗人白居易写的《缭绫》一诗，盛赞了唐代湖州丝绸之精美。

缭绫，绫名，是一种精致的丝织物，质地细致、色彩华丽，产于江浙一带，在唐代作为贡品。

3.1 历史上的丝织物

中国是世界上最早饲养蚕和缫丝的国家，以蚕丝为原料的丝织物是中国古代的著名特产。远在新石器时代，中国就已发明出丝织技术。

在距今约五千年的史前时代，黄河流域已经出现了丝织物，夏代至战国末期，丝织生产有了较大的发展，已有多种织纹和彩丝织成的精美丝织品，且品种仍日益增加。商代开始出现绮、纱、缣、纨、縠、罗等品种，西周时期产生了用两种以上的彩丝提花的重经织物"经锦"，战国时期丝织品的纹饰从几何纹发展为动物纹，色彩更加丰富，丝织技术日益完善。汉唐时期中国丝织品通过"丝绸之路"，远销中亚、西亚和非洲、欧洲，受到各国的普遍欢迎。

明清时期，丝织生产进入了稳定发展时期，技术上出现了新的创造，妆花技术诞生，纹饰风格偏向写实主义，多含有吉祥寓意。除织花外，印花、绣花、挑花、手绘、织金等技术也运用于丝织生产，见图3-1。

图3-1 苗族丝质挑花局部

3.2　传统丝织物工艺

小麦青青大麦黄，原头日出天色凉。

妇姑相呼有忙事，舍后煮茧门前香。

缫车嘈嘈似风雨，茧厚丝长无断缕。

今年那暇织绢着，明日西门卖丝去。

——《缫丝行》

《缫丝行》是一首乐府诗，描写了宋代民间煮茧缫丝的劳动场景。

中国古代传统制丝的方法主要是缫丝工艺。

缫丝：把蚕茧浸在热水里煮松，抽出蚕丝，缠绕在丝筐上绕成丝线，便于纺织。手工缫出的丝线带有自然的弯曲度，如图 3-2 和图 3-3 所示。

图 3-2　传统手工缫丝　　　　　　　　图 3-3　染色后的生蚕丝

何夏慕拍摄

一颗蚕茧可抽出约 1000 米长的茧丝，若干根茧丝合并成为生丝。做一条领带需要 111 个蚕茧，而做一件女士上衣则需要 630 个蚕茧。

丝由蚕茧中抽出，成为织绸的原料。生丝经加工后分成经线和纬线，并按一定的组织规律相互交织形成丝织物，就是织造工艺，见图 3-4 和图 3-5。各类丝织品的生产过程不尽相同，大体可分为生织和熟织两类。

图 3-4　生丝手工整经　　　　　　　　图 3-5　手工织丝·生丝

　　生织，就是经纬丝不经炼染先制成织物，称之为坯绸，然后再将坯绸炼染成成品。这种生产方式成本低、过程短，是目前丝织生产中运用的主要方式。

　　熟织，就是指经纬丝在织造前先染色，织成后的坯绸不需再经炼染即成成品。这种方式多用于高级丝织物的生产，如织锦缎、塔夫绸等。

　　在织造前，还需做好准备工作，如使丝胶软化的浸渍、能改善产品性能的并丝和捻丝，还有整经、卷纬等。

3.3 感知生丝织物

样布：手工生丝布（手工缫丝、手工织布）、本色、平纹。

手感：挺括爽滑、骨感爽弹（图3-6）。

观感：微黄、无漂白，光泽透亮、轻薄通透、古朴自然。

悬挂：生丝布垂感飘逸，挺括，30cm面料悬垂经向产生的角度约为90度（图3-7）。

微观：观布镜下的生丝纤维看起来光洁顺滑，光泽感强，不加捻（图3-8）。

服装造型推荐：利用其挺括爽滑的特点来塑造小礼服胸部的风琴褶造型，下摆插片呈喇叭形自然撑开。

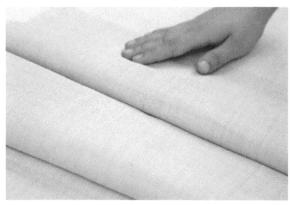

图3-6

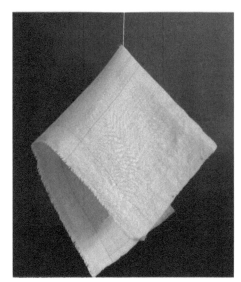

图3-7　悬垂度测试

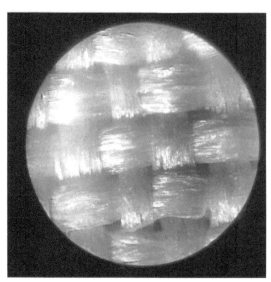

图3-8　生丝面料放大图

3.4 蓝染渐变·胸褶收腰连身小礼服裙的创意立体造型

3.4.1 款式分析

此款胸褶收腰连身小礼服裙用生丝手织布料进行创作，运用立体三角式的造褶手法，从平面扩散，再到层层递增的立体褶量，赋予胸部造型的体积感和空间感。

为了凸出女性的曲线感，夸大了胸部造型，下摆采用了插片的造型手段。立体造型与未来感的相互碰撞产生了建筑般的立体效果（图 3-9）。

成衣的色彩采用了靛蓝植物染，用渐染的手法突出小礼服裙的立体感和流动感。

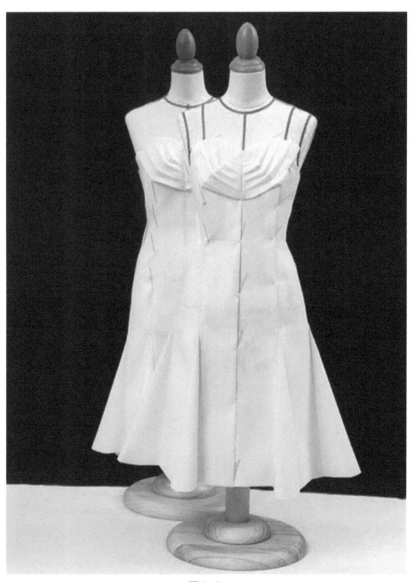

图 3-9

3.4.2 操作步骤

（1）备布

① 备布图（图3-10）

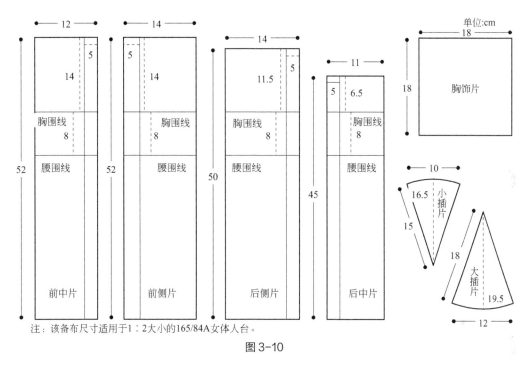

注：该备布尺寸适用于1∶2大小的165/84A女体人台。

图 3-10

② 熨烫

图 3-11：把布边卷起的部分烫平，根据丝缕方向把布料烫平整。熨烫完后根据图中所示方法卷好放在一旁。

③ 画线

图 3-12：把布放平，拿一根立裁针沿着布边、顺着丝缕方向画一小节线。这样可以确保画好后的丝缕线是平直的。

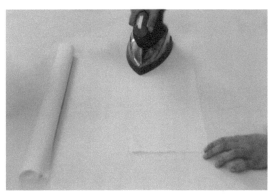

图 3-11

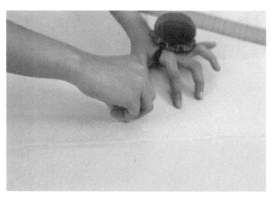

图 3-12

图 3-13、图 3-14：根据用立裁针画出的画痕，画出中线、胸围线和腰围线。

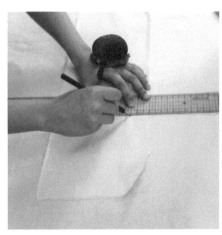
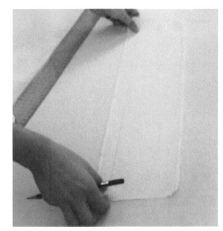

图 3-13　　　　　　　　　　图 3-14

（2）贴人台标记线

图 3-15：先贴基准线。红色标记线部分为基础线。

按先后顺序分别为前中线、后中线、肩斜线、侧缝线、胸围线、腰围线、臀围线、领圈弧线、袖窿弧线和公主线。

黑色部分为造型线。在立体裁剪制作过程中注意结构线划分的合理性。

图 3-16：后背分割线设置要自然流畅，符合人体的曲线。

黑色造型线在胸围线稍低一点的位置。

图 3-17：侧片造型在袖窿弧线底点下方。

注意不可高过袖窿弧线底点。

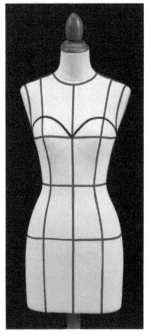
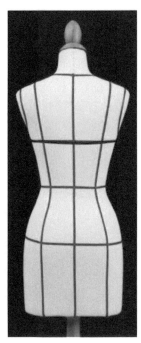
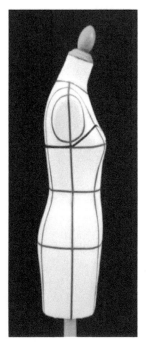

图 3-15　　　　　　　　图 3-16　　　　　　　　图 3-17

（3）制作前侧片

图 3-18、图 3-19：首先将备布的中线、胸围线与人台的侧缝线、胸围线对位。

将侧缝与胸围线交点、侧缝下端两端固定，把腰部往外扯出 0.75cm 左右的余量，接着用针在腰线与侧缝线交点处固定。

图 3-20、图 3-21：在腰部打剪口，剪口止点距离固定点 0.2cm，把多余部分沿着贴的标记线粗裁。

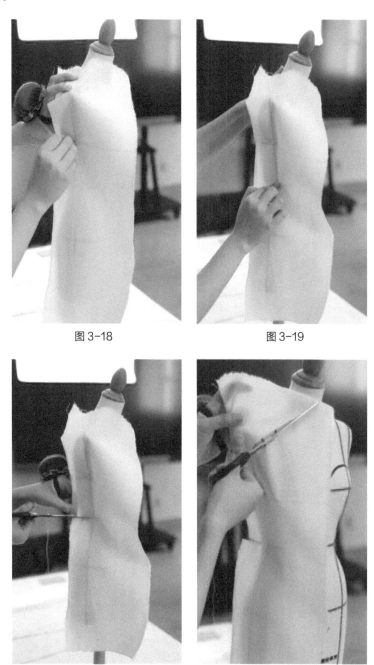

图 3-18   图 3-19

图 3-20   图 3-21

（4）制作前片和连接前侧片

图 3-22、图 3-23：首先将备布的前中线垂直，使胸围线水平。立裁针固定于前中线的上下两端。

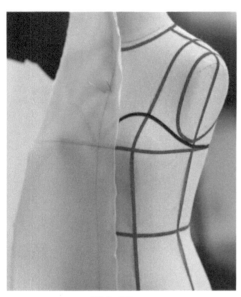 

图 3-22 图 3-23

前片与前侧片在公主线处捏住两片，用手推出一些松量，在合适的位置用针把两片临时固定。（关于松量的把控：前片预留松量少一些，前侧片预留松量多一些，胸围处松量少些，腰围处松量多一些。）

图 3-24、图 3-25：把缝头进行粗裁，进一步调整公主线的位置。

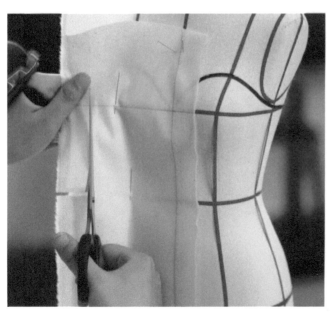 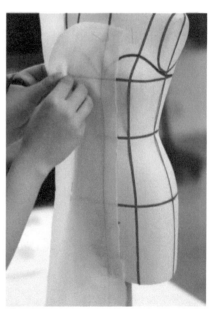

图 3-24 图 3-25

图 3-26、图 3-27：在腰节处打剪口，剪口止点距离固定点 0.2cm，捏合固定。

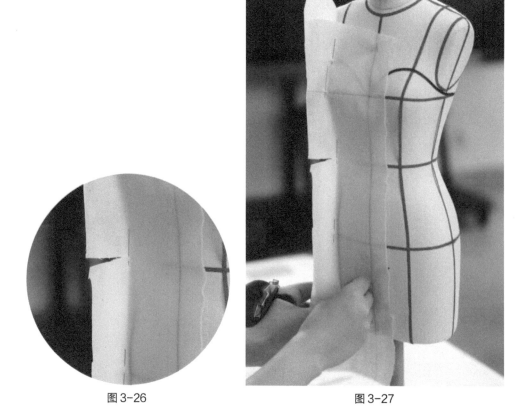

图 3-26   图 3-27

图 3-28：点影，根据标记线以及立裁针固定的位置，用笔描点出大体轮廓。

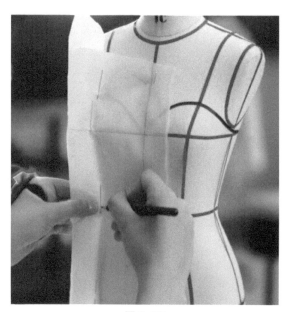

图 3-28

（5）制作后侧片

图 3-29 与图 3-30：把后侧片中线垂直摆放，将布与人台贴合后，顺着人台把布抹平。胸围线、侧缝线下端用针固定。

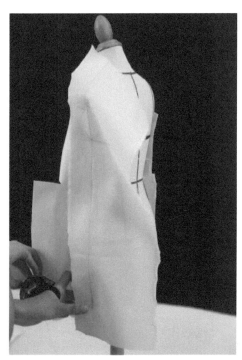

图 3-29　　　　　　　　　　　　　　　　　图 3-30

图 3-31 与图 3-32：固定侧缝上下两端，把腰部往外推出 0.75cm，用针在腰节处固定。接着用剪刀在腰节处打剪口。

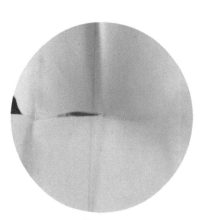

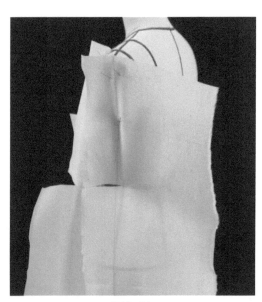

图 3-31　　　　　　　　　　　　　　　　　图 3-32

（6）制作后片、连接后侧片

图 3-33、图 3-34 与图 3-35：将后片中线垂直摆放，把布抹平。

将后中线、胸围线与人台上贴的标记线对齐，把布的上端与下端固定在人台上。

捏住后侧片与后片，用手调整推出松量，接着用针把两片临时固定。修剪缝头，在腰节处打剪口，剪口止点距离固定点 0.2cm。

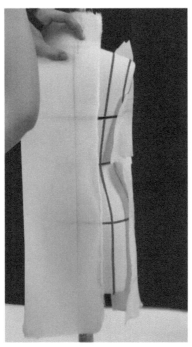

图 3-33

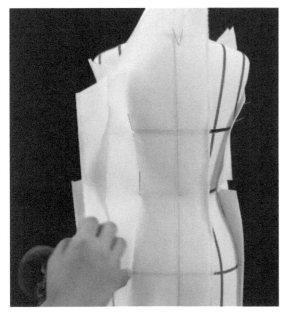

图 3-34

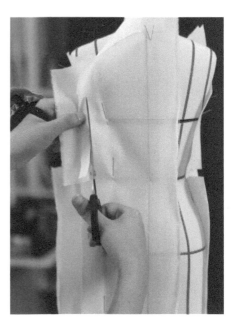

图 3-35

（7）连接前侧与后侧片

图3-36与图3-37：把前侧与后侧片的侧缝同时捏住，用手一边调整位置一边固定（注意：松量要放在分割线上，为了更合体服帖，侧缝处不放松量）。固定好两边后在腰节处打剪口。

图3-38：点影，根据标记线以及立裁针固定的位置用笔描点出大体轮廓。

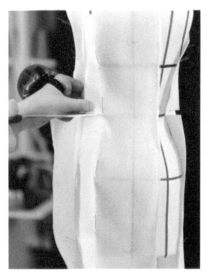

图3-36   图3-37   图3-38

（8）取样

图3-39、图3-40：把衣片从人台上取下，根据衣片上的点影把描点连成线。接着把腰围线、臀围线补齐，四周放缝1cm。

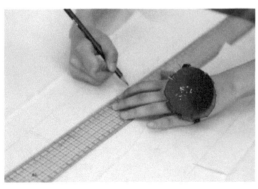
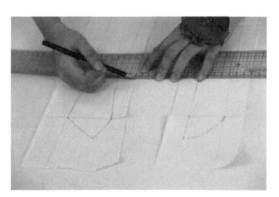

图3-39   图3-40

图3-41、图3-42：按照放缝线把另一边的衣片一起剪好。

（9）缝合插片

图3-43、图3-44：把衣片放在底部，插片放上面，留出底摆的放缝量（1cm），正面对正面车缝1cm直线。接着把与衣片相连的另一片衣片按同样方法与插片相缝合。其余衣片缝合方法相同。两片小的插片缝合在侧缝，四片大的插片缝合在公主线和后背装饰线上。

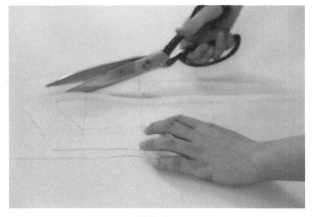

图 3-41

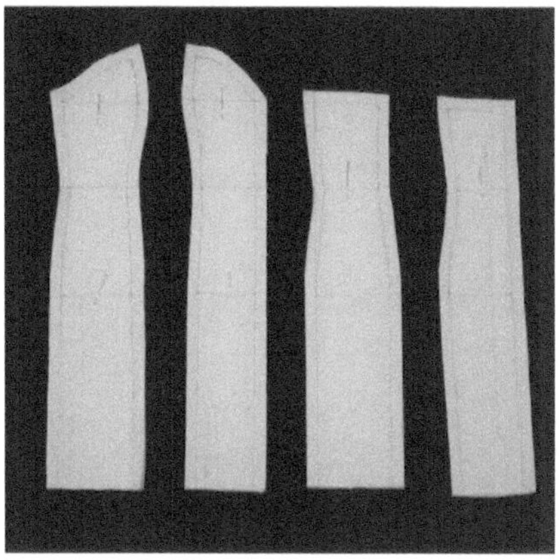

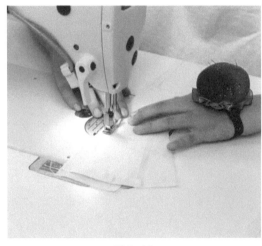

图 3-42

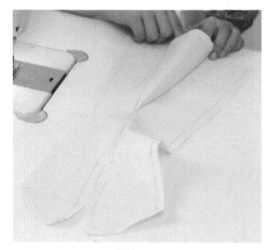

图 3-43

图 3-44

（10）半成品整烫

图 3-45、图 3-46：将装饰缝的缝头倒向前中、后中。侧缝的缝头经熨烫分开。

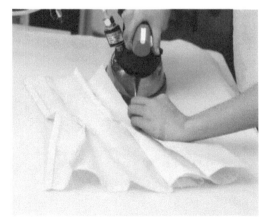

图 3-45

图 3-46

图 3-47：在腰节处打两三个斜剪口，剪口止点距净样线 0.2 ~ 0.5cm。用熨斗把腰节拨开。

图 3-48、图 3-49：按预留的毛缝量把底摆烫平。

图 3-47　　　　　　　　　　　　　　图 3-48

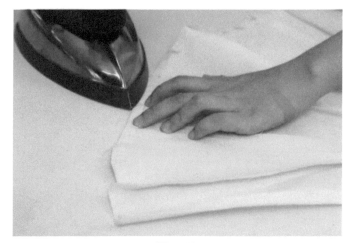

图 3-49

（11）试样与调整

图 3-50：在平面上用立裁针对分割线进行缝合固定。

图 3-50

图 3-51、图 3-52：把胚样套在人台上。将中线、胸围线对齐后，观察胚样与人台间的松量，调整适度。不服帖的部分再进行调整。

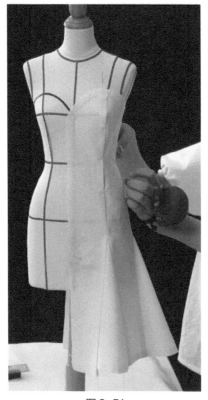

图 3-51   图 3-52

（12）制作胸饰片（立体褶）

① 贴造型线

图 3-53：在人台上用黑色标记线在胸部位置贴出造型线。

② 设计立体褶量

图 3-54：把人台上的造型用拷贝纸拓出，接着在纸上把造型修正。然后在轮廓的内部进行设计。

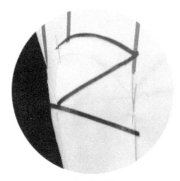

图 3-53   图 3-54

③ 用折纸的方法制作纸样

图3-55、图3-56和图3-57：把硫酸纸覆盖在设计稿上，根据设计稿把前三个褶描出，接着设计第三个立体褶的厚度，在拷贝纸上画出后，沿中线破开，把这个厚度给折出来。后面几个褶的制作方法与之相同。

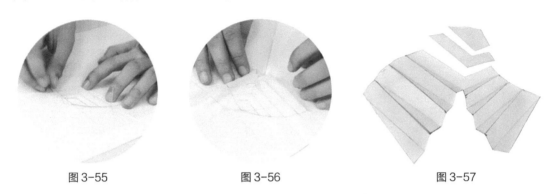

图3-55　　　　　　　　图3-56　　　　　　　　图3-57

④ 拓样与放量

图3-58：把用硫酸纸做的纸样用针固定在白坯布上。把轮廓描一遍，褶的位置也描出。内侧放缝0.2～0.3cm，其余三侧放缝1cm。

⑤ 缝制

图3-59：把裁好的样片正面和正面对折，反面根据净样线车线。

图3-58　　　　　　　　图3-59

⑥ 打剪口

图3-60：在立体褶的定位点打剪口。

图3-60

⑦ 烫褶

图 3-61、图 3-62：根据画样线熨烫褶，使褶变得立体。

图 3-61   图 3-62

⑧ 缝制

图 3-63、图 3-64：把两片做好的立体褶根据净样线缝合。

图 3-63   图 3-64

⑨ 处理毛缝

图 3-65、图 3-66：将边缘正面折光，缝头放反面。中间缝用指甲刮分开缝。

图 3-65   图 3-66

（13）成品胚样

成品胚样见图 3-67、图 3-68 和图 3-69。

图 3-67

图 3-68

图 3-69

（14）成衣植物染色

成衣植物染色见图 3-70 ～图 3-74。

图 3-70　蓝靛泥

图 3-71　发酵

图 3-72　染色、氧化

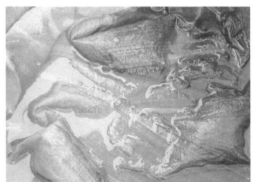
图 3-73　漂洗

图 3-74　染色效果

知识拓展：

蓝染，是我国传统的、古老的天然印染工艺，最早出现于秦汉时期。

蓝染工艺包括蜡缬、绞缬、夹缬等花纹的印染。

图 3-70、图 3-71：将蓝靛泥用碱水、白酒和米酒起缸，3 天后发酵成可染色的蓝染缸。

将衣片泡水半小时，提起来抚平后垂直慢慢浸入染缸，浸染 5 分钟后，从染缸提出进行氧化，冲洗干净，如图 3-72、图 3-73 所示。

多次重复以上染色过程，每次染色少浸入一小截，进行分层染色，得出渐变的蓝染效果，如图 3-74 所示。

第4章

棉织物服装的创意立体造型

款式 1　靛蓝染棉布长翻领连身裙

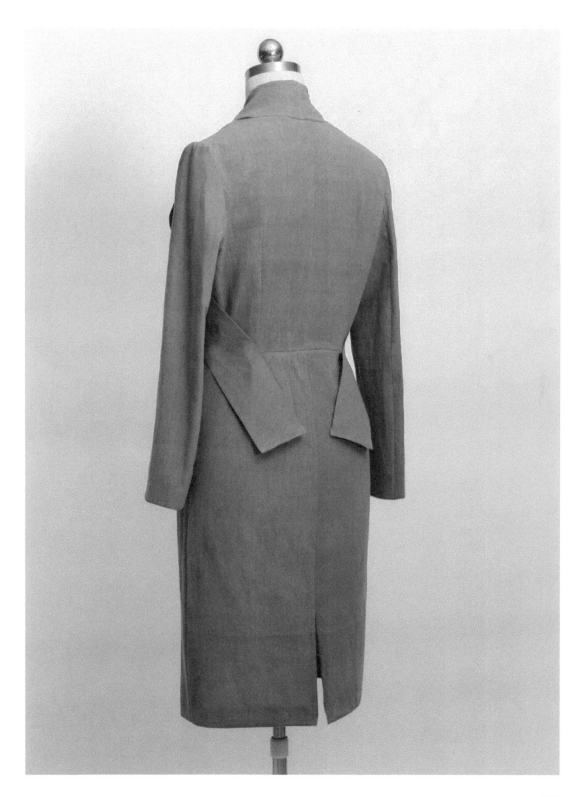

4.1 历史上的棉织物

棉花，简称棉，是纺织类四大天然纤维之一，也是重要的服装原料。棉织物吸湿和透气性好，柔软而保暖。棉花大多是一年生草本植物，常用的有陆地棉（细绒棉）和海岛棉（长绒棉）两种，图 4-1 属陆地棉。我国是世界上主要的产棉国之一。

陆地棉的棉纤维线密度和长度中等，一般纤维长度为 20 ~ 35mm，线密度为 2.12 ~ 1.56dtex（4700 ~ 6400 公支）左右，强力在 4.5cN 左右。中国种植的棉花大多属于此类。

长绒棉的棉纤维细而长，一般长度在 33mm 以上，线密度在 1.54 ~ 1.18dtex（6500 ~ 8500 公支）左右，强力在 4.5cN 以上。长绒棉品质优良，主要用于编织优等棉纱，中国种植较少，除新疆长绒棉以外，进口的主要有埃及棉。

棉花大约在元代传入中原地区，原产地是印度和阿拉伯地区。在棉花传入中原地区之前，只有可供充填枕褥的木棉，没有可以织布的棉花。宋朝以前，中国只有带丝旁的"绵"字，没有带木旁的"棉"字。"棉"字是从《宋书》起才开始出现的。在宋末元初，关于棉花传入中原地区的记载有："宋元之间始传种于中国，关陕闽广首获其利，盖此物出外夷，闽广通海舶，关陕通西域故也。"

在棉织物被中原人大量使用之前，中国民间最常用的服饰材料是丝、麻、毛和葛。中国自夏、商、周三代以来的约四千年中，古人用的衣料，大致在前 3000 年是以丝、麻为主，之后的 1000 年，逐渐转变为以棉花为主。元、明两代，是棉花取代丝麻的过渡期。

至今，在西南少数民族地区仍然保留了用手织棉布做服饰的传统，图 4-2 是 20 世纪 70 ~ 80 年代贵州凯里绕家女子所穿的民族盛装，棉服袖口和下摆刺绣了红色花卉，右边已婚女子的棉质头巾上用枫香染工艺做了装饰，衣身是用"亮布"（一种用鸡蛋清、牛血或猪血浸染捶打制成的古法棉布料）做成的服装。

图 4-1　陆地棉

图 4-2　20 世纪 70 ~ 80 年代贵州绕家女子棉织物服饰
（曾宪阳摄）

4.2　棉织物工艺

　　棉织物工艺包括纺纱、织布和染整三项工艺过程，纺纱和织造是把棉纤维加工成纱线和织物的过程，染整则是用染色、后整理和一部分物理机械方法对纤维制品进行再加工的过程，通过整理加工，可以提高纤维及其制品的使用性能并改善其外观。

　　棉纱工艺与麻、丝都不一样，前面两章讲到过，麻是绩出来的，丝主要是缫出来的，棉线主要是用纺锤或者纺纱机纺出来的，如图4-3所示。

图4-3　手纺车纺棉线

　　棉线软糯，在中国，人们曾用织布机织成平纹布料，用平纹布来做服饰，如图4-4、图4-5所示。平纹棉布一般所用经纬纱相同或差异不大，经纬密度也很接近，正反面也没有很明显的差异。因此，平布的经纬向强力均衡，且由于交织频繁，故结实耐用，布面平整，但光泽较差，缺乏弹性。根据纱线粗细可分为中平布、粗平布、细平布。

图4-4　用平纹棉布处理而成的"亮布"

图4-5 老式的棉织物织造工艺
（曾宪阳摄）

棉纱染色主要有蓝染、柿染、板栗壳染等几种染色方法，运用不同的颜色进行格纹和条纹织造，可以产生经典的颜色搭配，如图4-6所示。

图4-6 棉织物
（陈红珊老师作品）

总之，棉织物软糯柔和，成品工艺相对简单，是很优良的服饰原料，它吸湿透汗、光泽柔和、保暖性好，适合做内衣、棉衣、外套等。在棉织物服饰造型中，要注意保持棉织物的这些优良性能，不能违背其软糯柔和的个性，去做一些扭曲的设计。

4.3 感知棉织物一（平纹蓝染棉布）

样布：机织纯棉布、靛蓝染色、平纹。

手感：柔软、微毛感、微糯、无弹性。

观感：柔和、表面稍毛糙、哑光、朴素自然。

悬垂度：熨烫后的棉织物垂感较好，30cm面料悬垂产生的角度约为80度左右（图4-7）。

微观：观布镜下加捻的棉纤维较紧实，表面有不少浮丝，植物蓝染表面较蓝，纱线里面颜色较浅（图4-8）。

款式推荐：衬衣、外套、连衣裙都可以，适合宽松、合体的造型。

图4-7 悬垂度测试

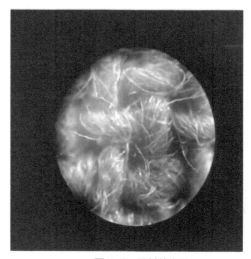

图4-8 面料放大图

4.4 靛蓝染棉布长翻领连身裙的创意立体造型

4.4.1 款式分析

此款为靛蓝染棉布长翻领连身裙，前衣片的结构采用立体褶裥设计。领子与前衣片相连并延伸到后直裙收省处。整体造型流畅自然，给人简约大气之感。如图 4-9 所示。

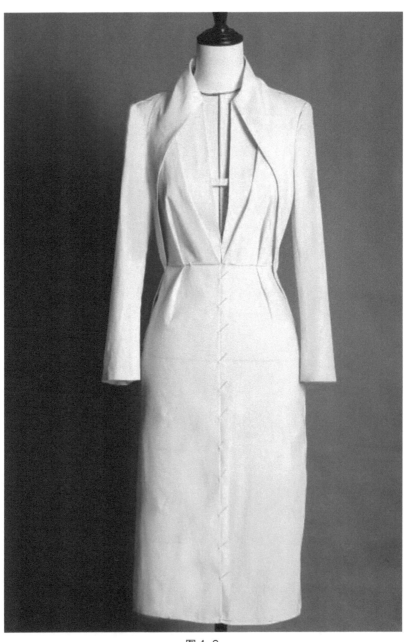

图 4-9

4.4.2 操作步骤

（1）备布

图 4-10：备布。

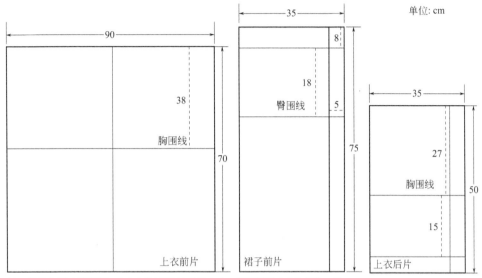

注：该备布尺寸适用于1:1大小的165/84A女体人台；裙子后片大小与前片一致。

图 4-10

（2）制作前衣身

图 4-11：将长方形备布放置于人台中心，确定衣长的位置。

图 4-12：在距离前中心线 5cm 的位置，将前衣片剪开。

图 4-11

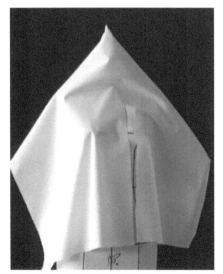

图 4-12

图 4-13、图 4-14：在腰部打剪口，将腰省量推至一个活的褶裥，使衣身更合体。

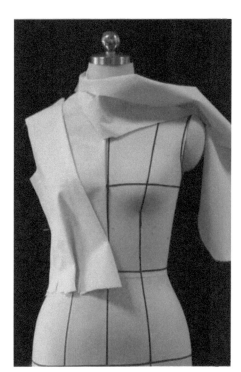

图 4-13

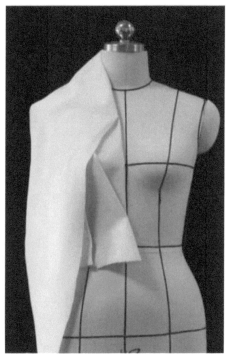

图 4-14

　　图 4-15、图 4-16：后中心线取领座高 3cm，往下翻折布片，减去多余的布料，折起领子缝头，使领子外围线紧贴衣身；领片从前身往后身绕，领子翻折线和颈部保持适当松量。

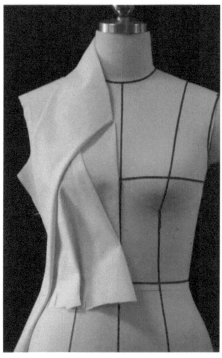

图 4-15

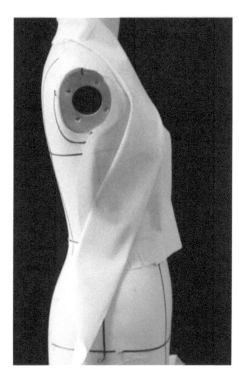

图 4-16

图 4-17：在领子外围的缝份上打剪口，调整并确定领子造型；翻起领子，沿领口线将领片与衣片用立裁针固定，确认下领口线，剪去下领口处多余的面料。

图 4-18：为防止毛边，在前片门襟处缝上贴边。

图 4-17　　　　　　　　　　　　图 4-18

图 4-19：整理上衣整体造型。

（3）制作后衣身

图 4-20：做后片立裁。将备布置于后中领口，左右各捏两个省，省尖指向肩胛骨。

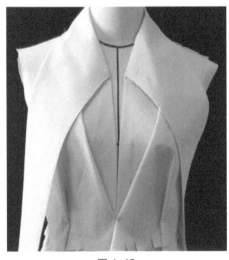
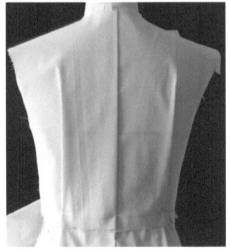

图 4-19　　　　　　　　　　　　图 4-20

（4）制作长翻领领部

图 4-21：翻领外口扣住衣身，对宽度与高度比例进行调整协调。

（5）修正前后身衣片

图 4-22：点影，修正裁片，修剪缝份，得到初步的上衣裁片。

图 4-21

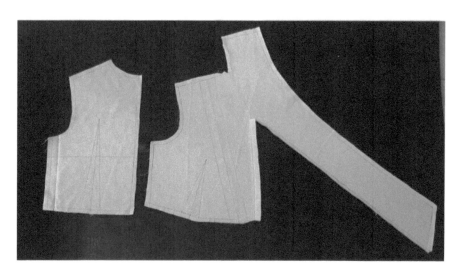

图 4-22

（6）制作前裙片

图 4-23：将裙片的前中心线对准人台的中心线，裙片的臀围线对准人台的臀围线，臀围线上加放 1cm 的松量。

图 4-24：腰围线上将余量收省，省尖与腹围保持 4 ～ 5cm 距离。

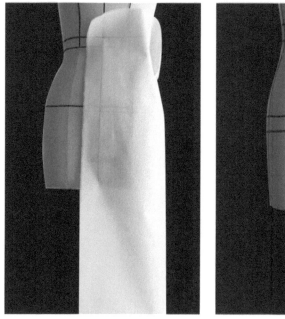

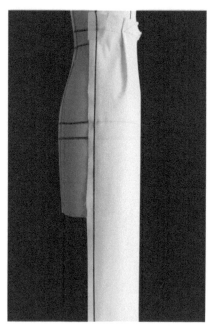

图 4-23   图 4-24

（7）制作后裙片

图 4-25、图 4-26：后裙片立裁操作。操作手法与前裙片一致，将裙片的后中心线对准人台的中心线，裙片的臀围线对准人台的臀围线，臀围线上加放 1cm 的松量。后腰围线上余量收一个省，省尖垂直指向臀凸。臀凸低于腹部凸起，因此后腰省长于前腰省，省尖与

臀围保持 4 ~ 5cm 距离。在腰围上打剪口，检查调整腰围至合适尺寸。用抓合针法抓合侧缝，臀围线以上沿人台弧线抓合，修剪侧缝。

图 4-27：检查整体造型。使裙片臀围线保持水平，丝绺顺直，腰围放松量为 0 ~ 2cm，臀围放松量为 4 ~ 6cm。

图 4-25

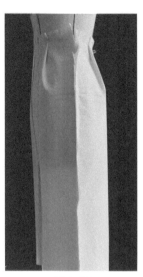
图 4-26

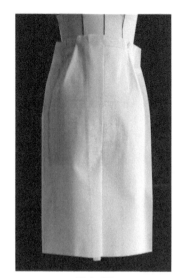
图 4-27

（8）修正裙片

图 4-28：点影、修版，取得裁片，修剪缝份，得到初步的裙子裁片。

图 4-28

（9）制作袖片

图 4-29、图 4-30：量取袖窿尺寸，用平面制版的方法配两片袖。

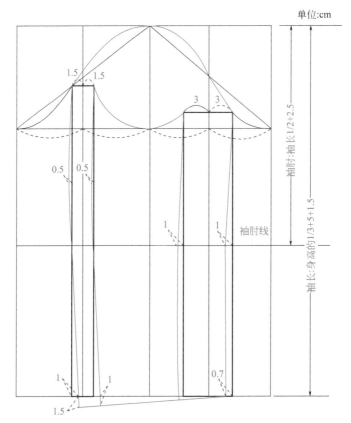

图 4-29

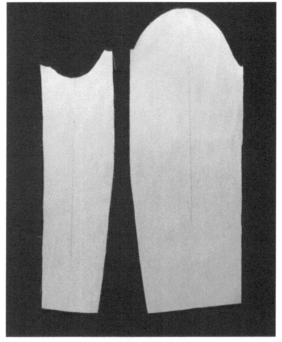

图 4-30

图 4-31、图 4-32：用立裁绱袖的方法别缝袖子，调整袖子的整体造型。

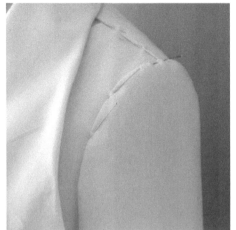

图 4-31　　　　　　　　　　　　　　　　　图 4-32

（10）整体试样

图 4-33、图 4-34：试样效果。

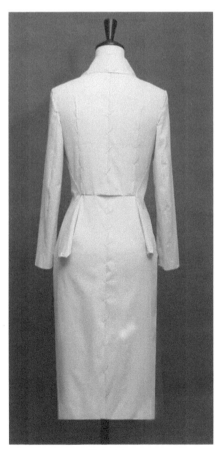

图 4-33　　　　　　　　　　　　　　　　　图 4-34

款式 2　柿染拼色斜裁风衣的创意立体造型

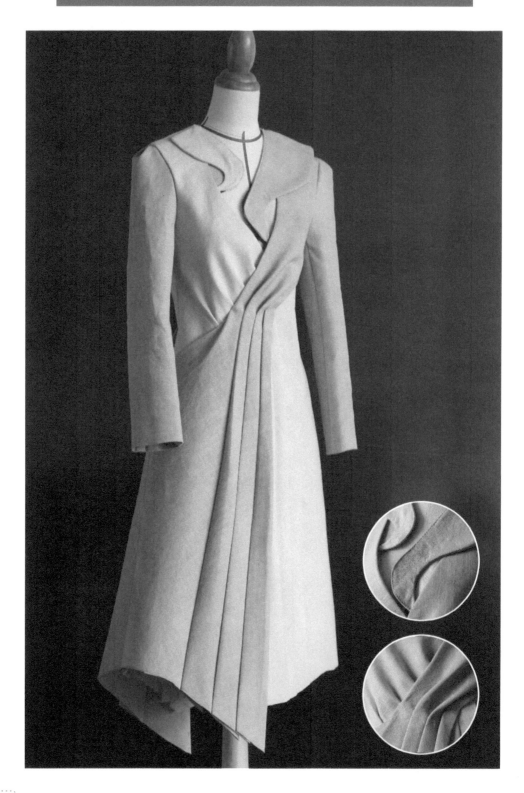

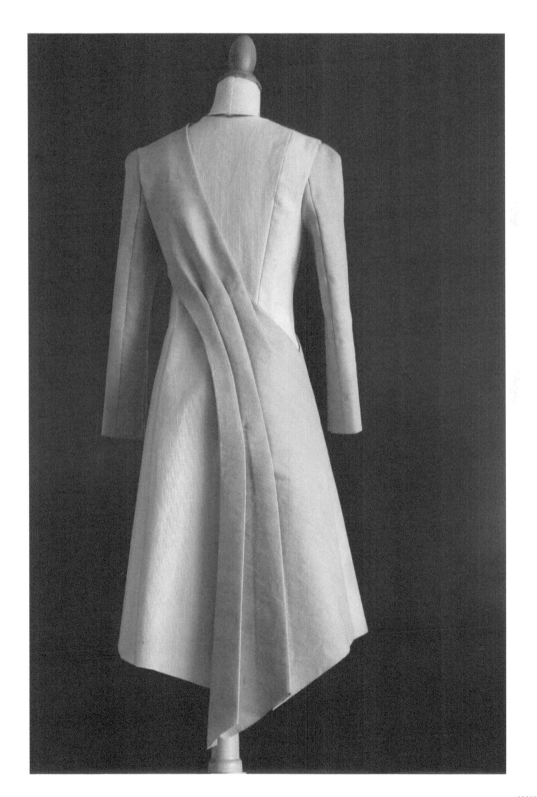

4.5 感知棉织物二（平纹机织柿染棉布）

样布：机织纯棉布、手工柿染大地色、平纹＋格纹肌理（图4-35）。

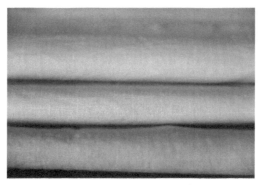

图4-35 平纹机织柿染棉布

手感：柿染后由于柿漆停留在面料上，手感偏硬、厚实。

观感：哑光、硬挺、经日晒后颜色变深、朴素自然。

悬垂度：水洗熨烫后的柿染棉织物布垂感一般，较水洗前柔软，30cm面料悬垂产生的角度约为45度左右（图4-36）。

微观：观布镜下加捻的柿染棉纤维较紧实，机纺线捻度较大，光泽比手纺布稍强，表面毛羽较多（图4-37）。

款式推荐：斜裁、造褶的款式，塑形性较好，适合宽松、合体的廓形。

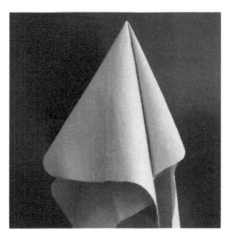

图4-36 悬垂度测试

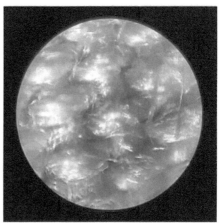

图4-37 织物微观图

4.6 柿染拼色斜裁风衣的创意立体造型

4.6.1 款式分析

此款拼色斜裁风衣用柿染棉织物进行创作，见图 4-38。

天然柿子的染色属于大地色系，耐日晒，颜色越晒越深；衣身左右用不同深度的大地色进行搭配，一浅一深，塑造层次感；结构上斜裁的手法赋予设计利落大气的造型，领部弧线与腰部捏褶塑造雕塑结构感，服装造型淳朴、宁静、平和。

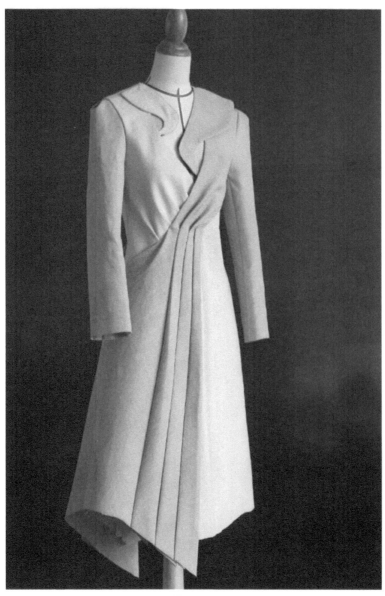

图 4-38

4.6.2 操作步骤

（1）备布

图 4-39：备布。

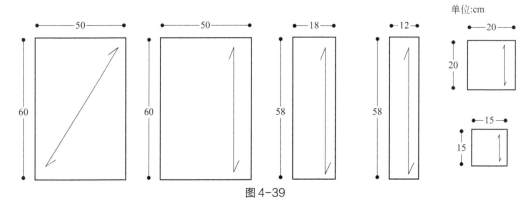

单位:cm

图 4-39

（2）贴人台标记线

① 基准线

先贴基准线，蓝色标记线部分为基础线。

按先后顺序分别为前中线、后中线、肩斜线、侧缝线、胸围线、臀围线、领圈弧线、袖窿弧线和公主线。

② 裙撑和造型线

图 4-40、图 4-41：红色标记线部分为造型线。

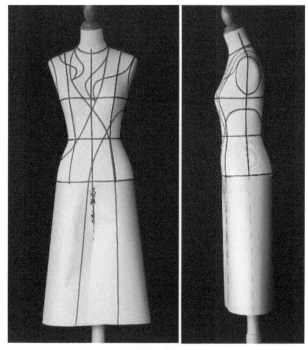

图 4-40

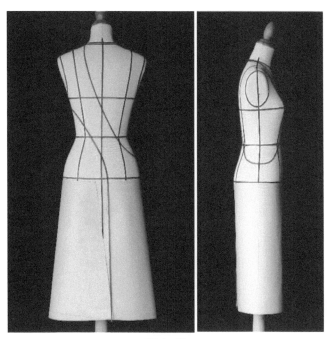

图 4-41

在确定好裙撑位置后根据设计贴好造型线。

（3）制作后背里层

图 4-42、图 4-43：先做后侧片，将备布的中线、胸围线与人台的侧缝线、胸围线对位。

图 4-42

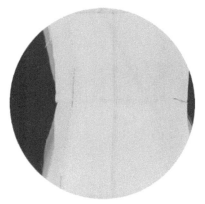

图 4-43

在侧缝线上下两端固定，接着将腰部往外扯出 0.75cm 的松量，用立裁针在腰线与侧缝线处固定。固定好后在腰部打剪口。

图 4-44、图 4-45：前后中线与胸围线对位。捏住后侧片与后片，用手调整推出松量，接着用针把两片临时固定。在腰部打剪口，剪口止点距离固定点 0.2cm，把缝边进行粗裁。

点影：根据标记线位置以及立裁针固定的位置，用笔描点出大体轮廓。

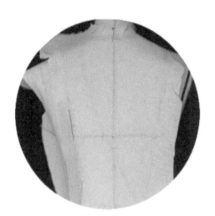

图 4-44   图 4-45

图 4-46：把衣片从人台上取下，根据衣片上的点影把描点连点成线。净样线四周放 1cm 的缝边量。按毛缝线把另一边的衣片一起裁剪好。

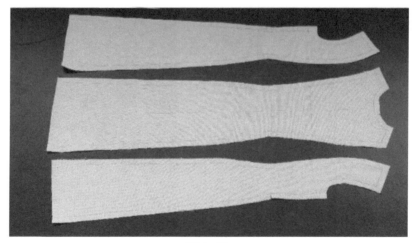

图 4-46

归拔处理：

图 4-47、图 4-48：在衣片腰部打几个剪口，靠近腰围线位置打斜剪口。熨斗压在上端，手扯住底摆位置把腰节处拨开。处理完成后把衣片沿腰围线虚折放好，这样可避免刚拨好的位置回缩。

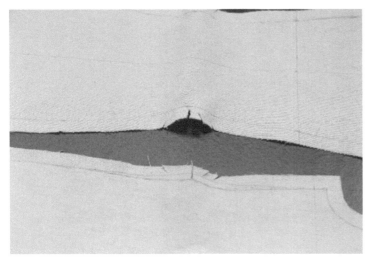 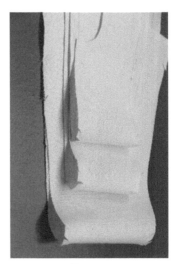

图 4-47　　　　　　　　　　　　　　　图 4-48

图 4-49：将后衣片组装起来，穿上人台，检查对位点、合体度和结构。

图 4-49

（4）制作前片领子的造型

图 4-50：把备布覆盖在人台左侧，用立裁针在颈侧点处固定。根据左侧领部造型线描点，把领部底片按造型线点影描出。

图 4-51：右侧领部造型操作方法与左侧基本一致。

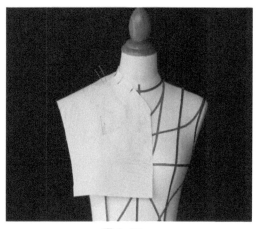
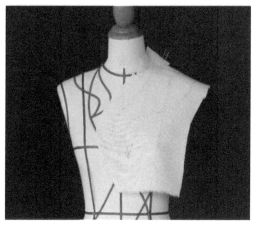

图 4-50　　　　　　　　　　　　　　　　图 4-51

图 4-52：把领片取下，按照点影描线，净样线四周放缝量为 1cm。根据放缝线一起剪出另外的衣片。

图 4-53、图 4-54：把两片相同的领片重合叠好。根据净样线将其缝一圈，留一个小口不缝。车线时在尖角处放一根线。修剪好毛缝后将领子从小口中翻到正面，拉一拉尖角上的线，将角完全拉出来，放到人台上检查一下造型。

图 4-52　　　　　　　　　　　图 4-53

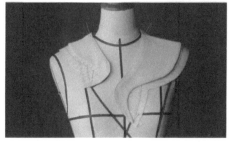

图 4-54

（5）制作前衣片里层

图 4-55、图 4-56：把备布斜向 45 度披挂在人台右身上，在肩部用立裁针固定。用红色标记线在备布上贴出衣片轮廓线。根据设计褶的走向顺着轮廓线捏出褶后初步固定。接着用手捏住并调整褶的大小、位置，褶的视觉层次要分明、一致。

图 4-55

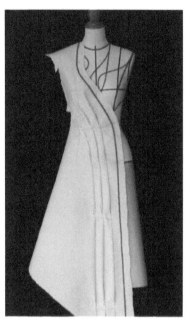

图 4-56

（6）制作前衣片外层

图 4-57、图 4-58：把备布斜向 45 度披挂在人台左半身上，先用红色标记线在备布上

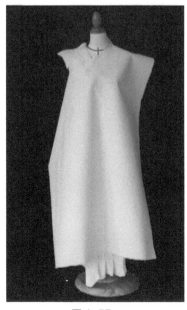

图 4-57

图 4-58

贴出衣片轮廓线。根据设计褶的走向顺着轮廓线捏出褶，随后初步固定。接着用手捏住调整褶的大小、位置，与右身衣片别合，调整两片之间褶的顺序和大小。

将领子部分与衣身别合，调整位置，细节如图4-59、图4-60所示。

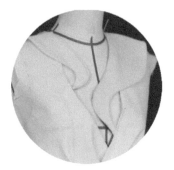

图4-59   图4-60

（7）制作右前侧片

图4-61、图4-62：备布披挂在人台上，将中线与人台侧缝线对好。用针在侧缝线上下端固定，把腰部往外扯0.75cm的松量，在腰节处固定好后打剪口。

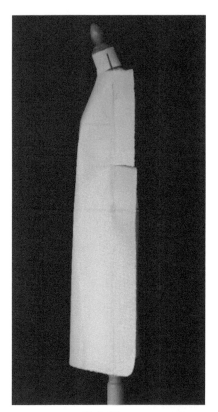
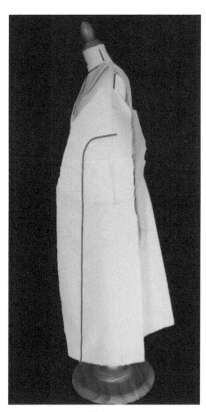

图4-61   图4-62

图4-63、图4-64：用红色标记线贴出造型线。把毛缝修剪至1cm，接着与前片用立裁针连接。

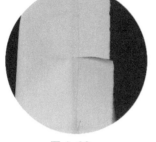

图 4-63

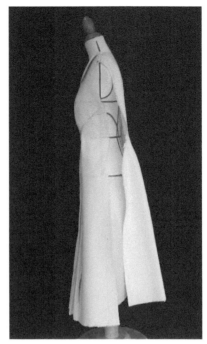

图 4-64

（8）制作后背外层

图 4-65、图 4-66：备布斜向 45 度披挂在人台上，腰节处剪开。在坯布背部上端贴出造型线。顺着坯布方向捏褶。用立裁针初步固定。

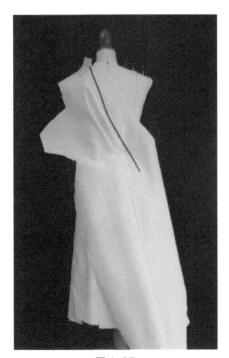

图 4-65

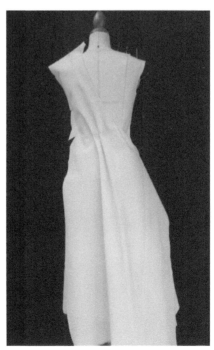

图 4-66

图 4-67 ~ 图 4-72：把两边侧缝毛缝修剪至 1cm 后，前后片用立裁针连接。

图 4-67

图 4-68

图 4-69

图 4-70

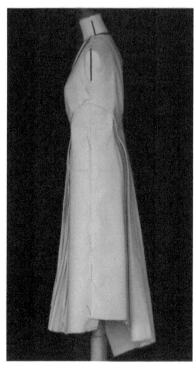

图 4-71

图 4-72

（9）制作袖子

图 4-73：平面制袖，如图 4-73 所示。

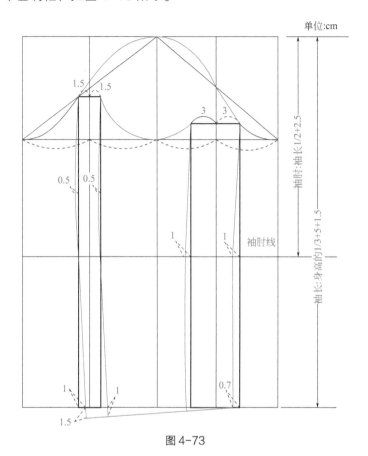

图 4-73

图 4-74：袖子裁片图。

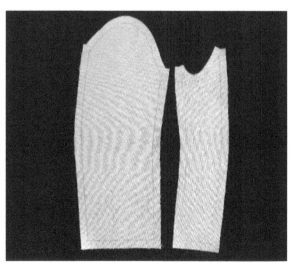

图 4-74

图 4-75、图 4-76：把袖子的两片缝合，袖肘外侧大片吃量。在袖肘里侧处打剪口，用熨斗把弧线拨开，缝合，袖子翻面，熨烫时使毛缝倒向大袖。

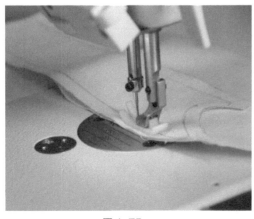 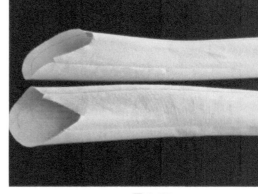

图 4-75   图 4-76

图 4-77：装袖，先对齐袖底点，在里面用立裁针固定；接着固定两边，距离袖底点 2.5cm。在表面固定袖顶点，接着固定两边，距离袖顶点 2.5cm。

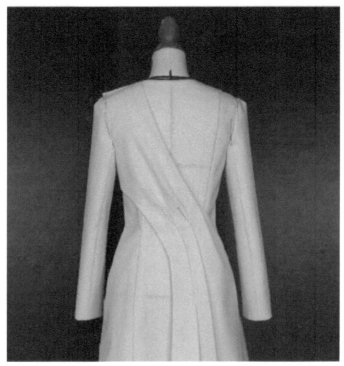

图 4-77

（10）修剪下摆

图 4-78、图 4-79：修剪下摆，根据造型线修剪并整理好下摆。在修剪前，先要把下摆褶裥用立裁针固定好，贴上标记线。修剪完后再取下立裁针和标记线。

图 4-78　　　　　　　　　　　图 4-79

图 4-80 ~图 4-82：完成正面、背面、侧面效果。

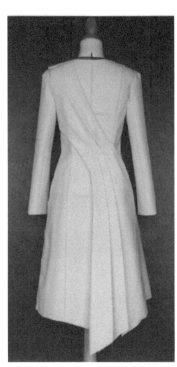

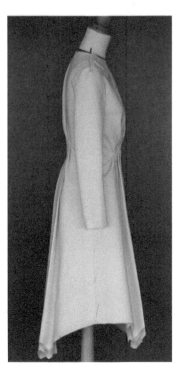

图 4-80　　　　　　　图 4-81　　　　　　　图 4-82

知识拓展：

中国天然植物染——柿染

唐代《云仙杂记》中记载："笼桶衫柿油巾，皆蜀人奉养之粗者"。说明我国至少在唐朝时就已经有了对柿漆的使用。

柿染也被称为"太阳之染"，每年秋季，在柿子未成熟之前，将青色柿子摘下（图4-83），打成果汁发酵后对面料进行染色（图4-84），染完后放到太阳底下暴晒，晾晒中柿子的天然单宁酸与胶状物质逐渐固化成聚合物，使得在面料上着色非常牢固，布料在反复浸泡中可以保持柔软、色泽均匀，要关注着光的方向，不时地调整衣物的位置，使颜色在布料上慢慢生长出纹路，柿漆才最终完成与光的对话。

图4-83　柿染原料——青柿

图4-84　柿子捣碎榨汁

青色椑柿果肉内的单宁酸一旦接触空气就极易氧化变质。将柿子果肉捣碎，获得椑柿的白色果胶，能够染色的单宁酸深藏其中，将柿子汁液静置发酵，每隔数日搅拌一次，柿汁中的单宁酸在与空气的交流中慢慢地发酵和氧化。一年后，柿汁已改头换面成为深褐色的柿漆图（图4-85），这是染色的最佳时间，当然，短时发酵仍然可以染色，只是颜色尚浅。

图4-85　发酵后的柿漆

　　柿染是一种完全依赖于太阳的工艺。夏季染的布料颜色深，冬季时就会略显柔和，还会根据风的强度、湿度以及场所的不同，染制的作品产生不同效果（图4-86～图4-88）。

图4-86　柿染

图4-87　柿染后暴晒的棉布

图4-88　柿染与蓝染拼布作品

　　柿染曾是东亚广泛流传的传统上色工艺，除了染布做衣之外，经过发酵的柿漆还被当作船和家具的涂料，美观且防潮。虽然高效率的化工染料已经轻而易举地将它取代，但自然的颜色是无法被复制的。

　　柿染令人赞叹之处不只是颜色，就连布的质感也会发生明显的变化。柔软的棉质布料经过柿染后，就能变身为坚韧而具有皮革质感的布料。

第5章

羊毛织物的创意立体造型——变化驳领外套

5.1 羊毛的特性

羊毛主要由蛋白质组成。人类利用羊毛可追溯到新石器时代，由中亚向地中海和世界其他地区传播，遂成为亚欧的主要纺织原料。羊毛纤维柔软而富有弹性，可用于制作呢绒、绒线、毛毯、毡呢等纺织品。羊毛制品手感丰满、保暖性好、穿着舒适。绵羊毛在纺织原料中占相当大的比重。

世界上绵羊毛产量较大的国家有澳大利亚、俄罗斯、新西兰、阿根廷、中国等。绵羊毛按细度和长度分为细羊毛、半细毛、长羊毛、杂交种毛、粗羊毛等5类。中国绵羊毛品种有蒙羊毛、藏羊毛、哈萨克羊毛。评定羊毛品质的主要因素是细度、卷曲、色泽、强度以及草杂含量等。

羊毛是纺织工业的重要原料，羊毛纺织品以其华贵高雅、穿着舒适的天然风格而著名，特别是羊绒有着"软黄金"之美名。

出自绵羊身上的叫羊毛，行业上叫绵羊毛，绵羊毛即使很细，也是羊毛，称为细支羊毛，而不叫羊绒。只有出自山羊身上的绒才叫羊绒，也就是山羊绒，即开司米。羊绒是生长在山羊外表皮层，掩在山羊粗毛根部的一层薄薄的细绒，入冬寒冷时长出，抵御风寒，开春转暖后脱落，自然适应气候，属于稀有的特种动物纤维。

产自南美洲安第斯山脉地区的羊驼毛光泽华丽，手感良好。大约6000年前，当地人就开始对羊驼毛进行加工，制作成美丽的织物。目前在南美洲博物馆和美国私人收藏家手中仍能见到实物，见图5-1。羊驼毛被誉为世界上最好的纺织材料之一，其纺织产品在东京、巴黎、米兰、纽约等时装中心享有非常高的声誉。

图5-1 秘鲁羊驼织物
（张宝华老师拍摄）

5.2　历史上的羊毛织物

秦汉时，中国毛织技术已经相当成熟。位于新疆维吾尔自治区民丰县的尼雅遗址出土了东汉时期的毛织品，织物图案有人兽葡萄纹双层平纹、龟甲四瓣花纹、毛织带、蓝色斜褐、色等，均为羊毛织品。

缂法主要用于缂丝和缂毛，我国最先使用缂毛技术，早在汉代就已经出现了缂毛织物。1930 年英国人斯坦因在我国新疆楼兰遗址中，发现了一块汉代缂毛奔马织物，彩色纬纱上缂了奔马和卷草花纹，表现出了汉代新疆地区的纹样风格。

从南北朝到清末的 1000 多年间，中国毛织技术趋于稳定发展，缂织法和栽绒毯织法不断向中原地区传播，毛织原料的使用也更为广泛。

5.3　羊毛织造工艺

羊毛织物主要产自我国西北地区，修剪下来的羊毛经过洗毛去除杂质和部分羊脂之后，变得比较洁白。古代民间用纺锤纺或纺车纺羊毛线，纺锤实验如图5-2所示。

图5-2　纺锤纺羊毛线实验

羊毛是天然蛋白纤维，与植物染色天然契合，得色率较高，染出的颜色鲜艳柔和，对人体无伤害，适合高端服饰产品开发，见图5-3。

图5-3　羊毛线的植物染色

古代羊毛织物装饰主要有缂毛和毛罗，见图5-4。

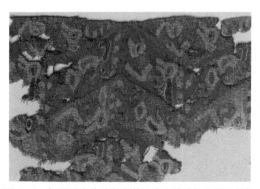

图5-4　新疆且末扎滚鲁克墓地出土的动物纹缂毛织物

5.4 感知羊毛织物

样布：机织 98% 羊毛布、斜纹。

手感：柔软、微毛感、微糯、无弹性。

观感：柔和、表面稍毛糙、光泽好。

悬垂度：垂感较好，30cm 面料悬垂产生的角度约为 40 度左右，见图 5-5。

微观：观布镜下加捻的羊毛纤维较紧实，表面有不少蛋白纤维的浮丝。见图 5-6。

款式推荐：适合宽松或者合体的、有轮廓的套装，塑造局部立体的造型。

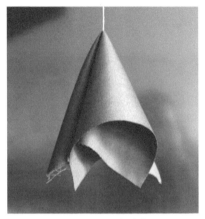

图 5-5 悬垂度测试

图 5-6 羊毛机织物放大图

5.5 羊毛织物服装立体造型——变化驳领外套

5.5.1 款式分析

本款变化驳领外套为修身款型，融入迪奥经典款西装领设计，驳头与前衣身分割片连为一体，领口省暗含其中，增加了服装的层次感和立体感，服装端庄典雅又具时尚气息，见图5-7。

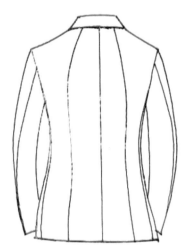

图 5-7 平面款式图

本款式需要将胸省转到领口，并折叠省道。这是形成领口层次感的关键，见图5-8。阴影部分的西装领驳头部分是双层。制作安装西装领按照一般做领工艺即可完成。

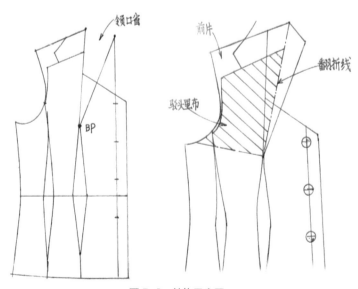

图 5-8 结构示意图

5.5.2　操作步骤

（1）贴人台标记线

图 5-9、图 5-10：将款式结构线准确标注在人台上。要注意衣领与衣身结构关系应准确到位。

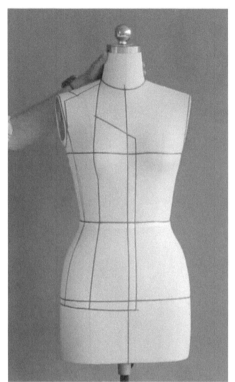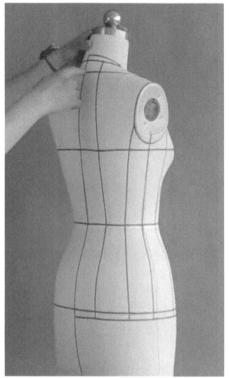

图 5-9　前后标记线

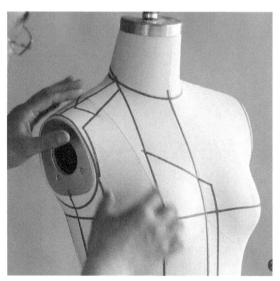

图 5-10　衣领与衣身、袖窿处标记线

（2）制作前身片

图5-11、图5-12：将胸围线和前中线与人台标记线对齐后固定，并在固定时在胸围处留下少许松量。

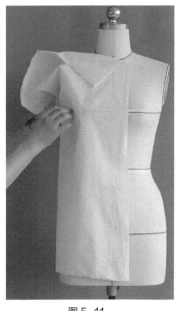 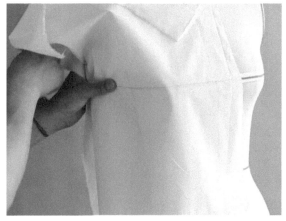

图5-11　　　　　　　　　　　　　　　图5-12

图5-13：修剪领口位置多余面料，并打出剪口，使坯布平服于人台。

图5-14：在领口侧捏出省道，使省道向右倒时正处于人台省道造型线上，随后别出省道量。

图5-13　　　　　　　　　　　　　　　图5-14

图5-15：顺着上身省道方向，在胸围线下方造型线处也捏出一条省道，使上下省道形成一个很自然的流线状。

腰省别缝时需要给腰部留有一定的松量。

图 5-16：确认上衣底摆线，并给腰部省道设置对应的省尖点，使其距离胸围线和底摆线 1 ~ 2cm。

图 5-15

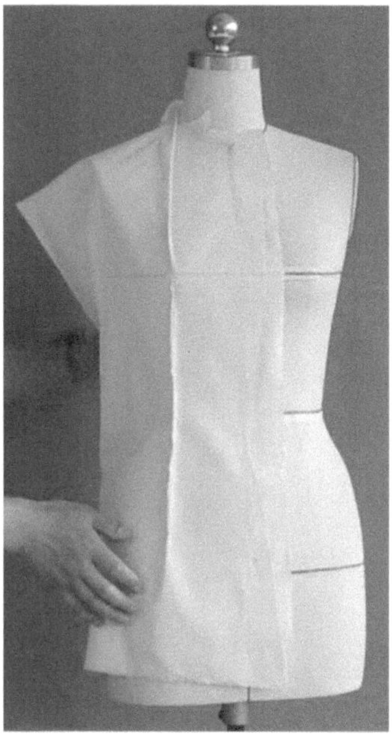

图 5-16

沿着款式线外缘修剪面料，并在袖窿和腰节处打剪口，如图 5-17、图 5-18 所示。

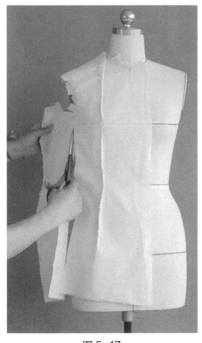

图 5-17

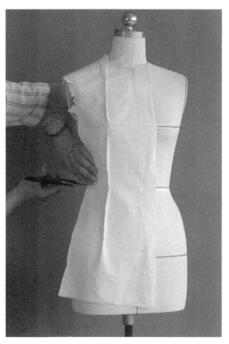

图 5-18

修剪完毕后如图 5-19 所示。

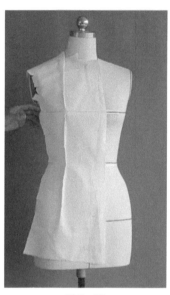

图 5-19

（3）制作前侧片

图 5-20：将前侧片坯布放置于人台上，同样将胸围线同人台胸围线对齐。

图 5-21：沿着分割造型线，将前衣片和前侧片抓合起来，注意控制胸围线、腰围线、臀围线三个关键位置的松量，不可过于紧绷。

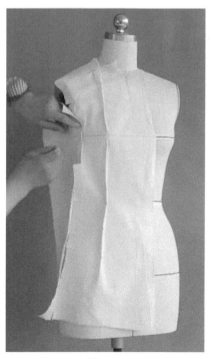

图 5-20

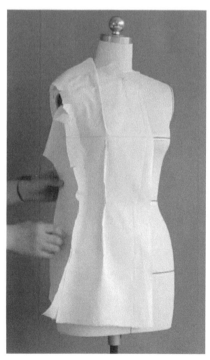

图 5-21

图 5-22：抓合完成后，用珠针将前衣片和前侧片别缝起来，检查其竖直性，并保证别合线条流畅。

图 5-23：确认别合无误后将腰节和袖窿外缘的多余面料修掉。

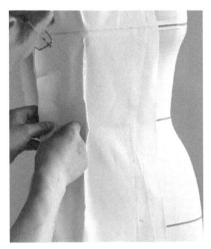

图 5-22   图 5-23

图 5-24：最后在胸围、腰围、底摆线位置做出固定。

（4）制作后身片

图 5-25：将后身衣片上的后中线胸围线同人台上标记线对齐并固定。

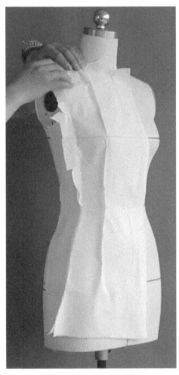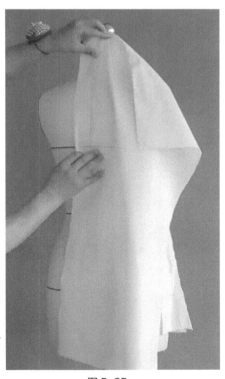

图 5-24   图 5-25

注意胸围线固定时需要留有一定松量。

图 5-26：固定腰节至下摆时，腰部的面料不可拉扯。

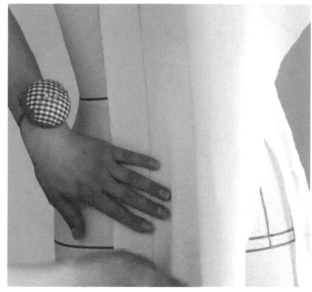

图 5-26

图 5-27、图 5-28：顺着领口、外缘和下摆外缘将后片多余面料修剪掉。

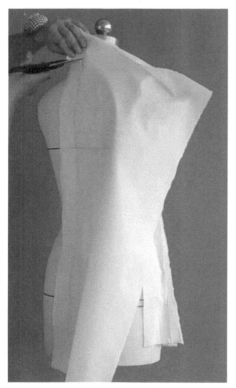

图 5-27

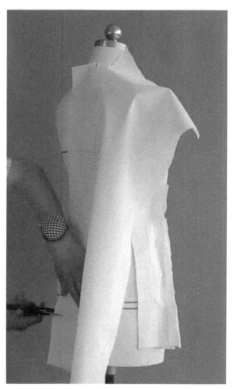

图 5-28

确认后背结构线位置，并沿结构线外缘将多余面料修掉。修完后的效果如图 5-29、图 5-30 所示。

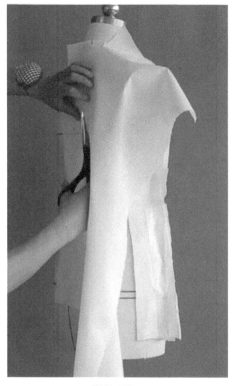

图 5-29   图 5-30

（5）制作后侧片

图 5-31、图 5-32：将后侧片坯布上的胸围线与人台胸围线对齐后固定。

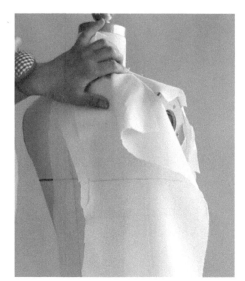 

图 5-31   图 5-32

根据人台后片的造型线，将后中片和后侧片重叠部分用抓合法别缝在一起，注意需要留有余量。

图 5-33、图 5-34：对于人体后背曲线比较明显的位置，需要打剪口处理，并多次调整面料。

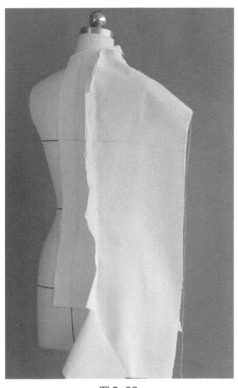
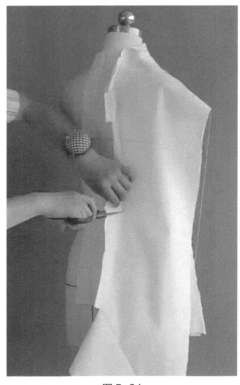

图 5-33　　　　　　　　　　　　　　　　　　图 5-34

图 5-35：确定领子至肩线的位置面料，修剪多余面料，并在抓合前后片进行别缝。
图 5-36：给腰部和背宽处留出一定松量后，对坯布进行别缝固定。

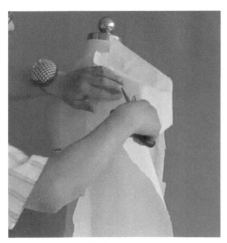
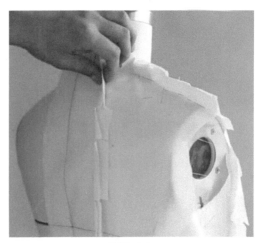

图 5-35　　　　　　　　　　　　　　　　　　图 5-36

图 5-37、图 5-38：剪去袖窿、侧缝、底摆的多余面料，并在腰节位置打上剪口，保证布料的平整服帖。

（6）制作后侧缝片

图 5-39：将后侧缝片上胸围线与人台上标记线对齐后进行固定，随后在造型线上的相交位置抓合后侧片和后侧缝片。

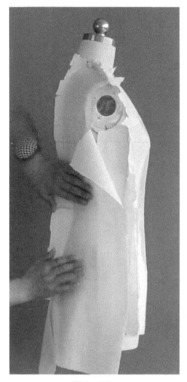
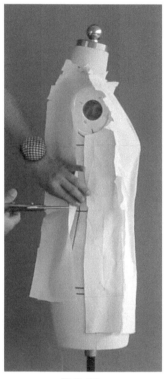
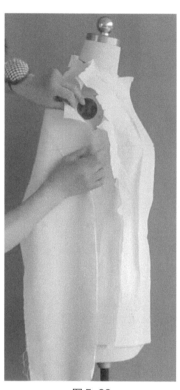

图 5-37　　　　　　　　　图 5-38　　　　　　　　　图 5-39

图 5-40：注意在转折较为明显的地方用剪刀打出剪口。

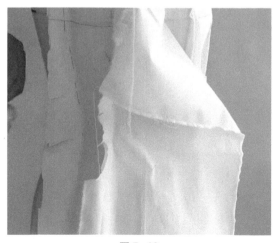

图 5-40

图 5-41、图 5-42：修剪侧缝、底摆处衣片，并将前后衣片抓合后别缝。别缝时控制腰节、胸围处的松量。

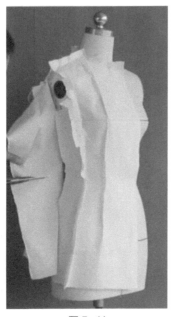

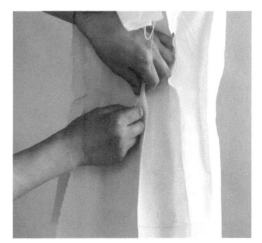

图 5-41   图 5-42

图 5-43、图 5-44：用记号笔将前后衣身上所有固定的点都描画出来，并在胸围线、腰围线等重要位置打上记号。

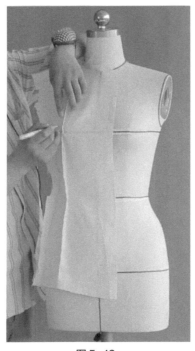

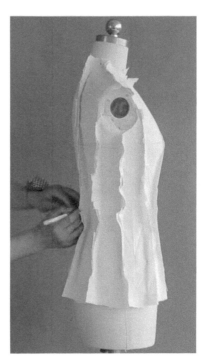

图 5-43   图 5-44

（7）制作领子

图5-45：将现有的样片取下并整理，绘制对应的结构线。

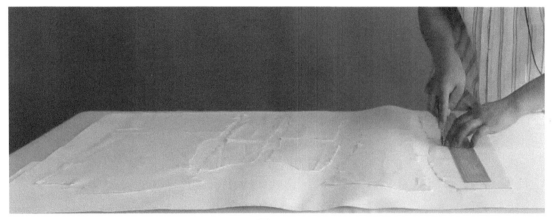

图5-45

图5-46：在白卡纸上拓出衣身的样片。

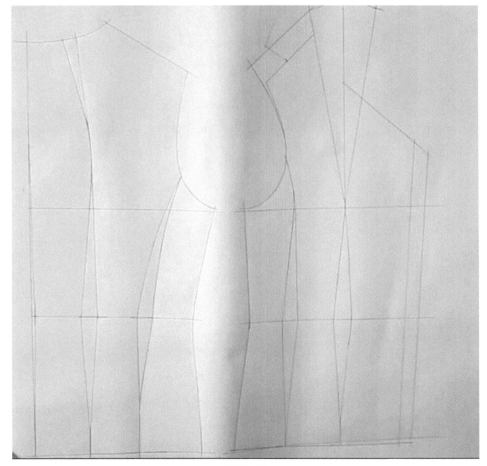

图5-46

图 5-47、图 5-48：在肩部用标记线在衣身上贴出平驳领的造型，按照人台标记线修剪出胸口造型。

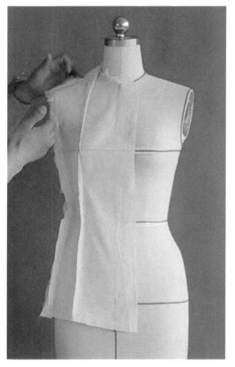

图 5-47	图 5-48

图 5-49、图 5-50：将衣身翻下，在翻领结构线处放上一块坯布来制作领部双层结构的补足片。

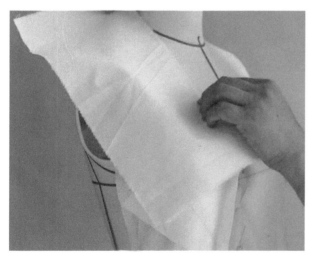

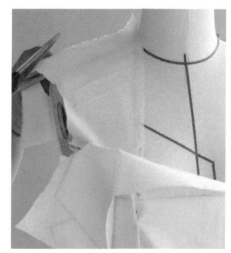

图 5-49	图 5-50

图 5-51、图 5-52：别缝后将多余面料修掉，并放置于底片上方。

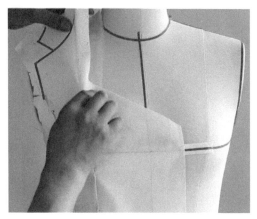
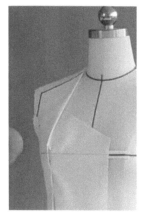

图 5-51 图 5-52

图 5-53、图 5-54：使用常规西装领的制作方法，将领片在后中心线处固定。

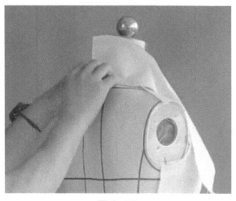

图 5-53 图 5-54

图 5-55、图 5-56：将领部翻折后，根据西装领造型，将串口线和领口线用笔点画出来。修剪多余面料后，将领部进行固定。

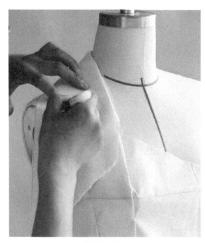

图 5-55 图 5-56

图 5-57、图 5-58：调整领子部分的曲线后，用标记带粘贴出领子造型。

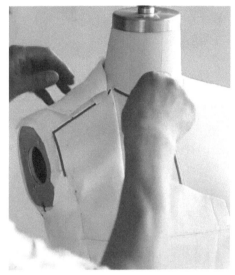

图 5-57　　　　　　　　　　图 5-58

（8）袖子的制作

图 5-59：袖子采用平面制版的方法获得版型，两片袖结构。

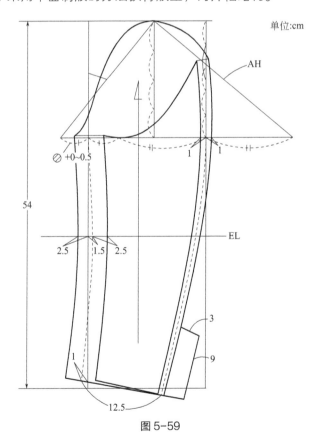

图 5-59

（9）取片拓样

图 5-60：取片拓样。

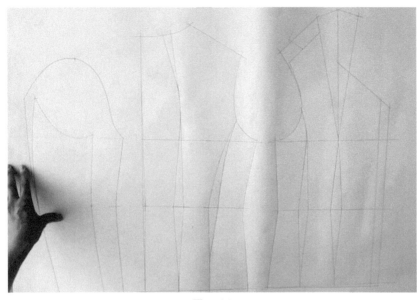

图 5-60

（10）坯样展示

图 5-61 ～ 图 5-63：坯样展示。

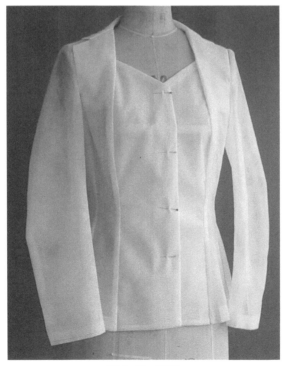

图 5-61　正面

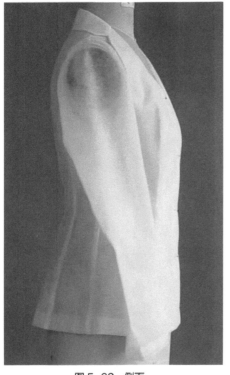

图 5-62　侧面

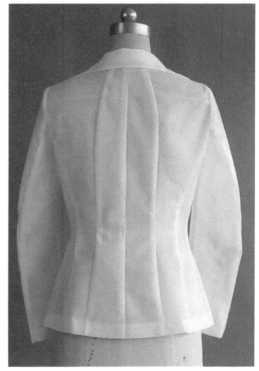

图 5-63　背面

视频："迪奥"变化领外套的立体裁剪
扫描二维码即可观看本章课程视频。

视频 4

视频 5

视频 6

第6章

现代合成纤维聚酯双面缎的创意立体造型——拼布连身裙

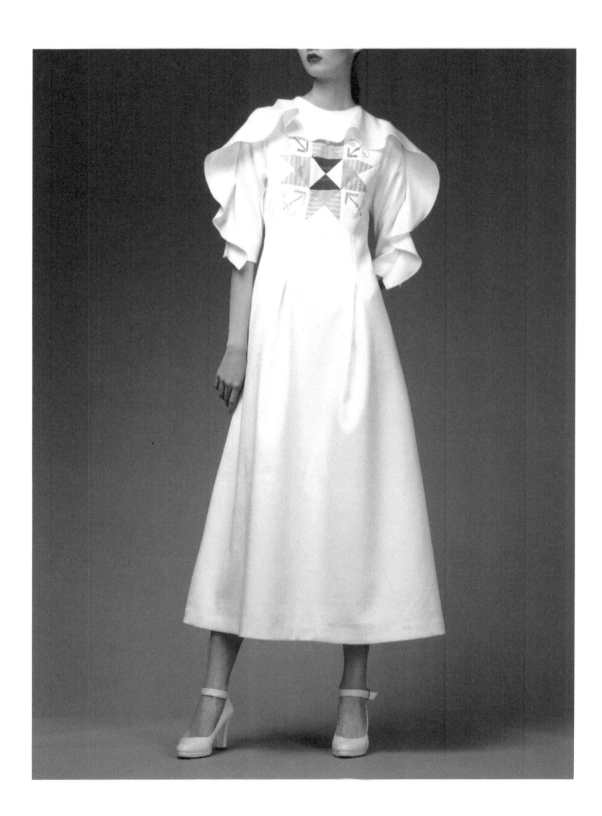

服装创意立体造型

拼布工艺是中国传统的服饰手工艺之一，用各色碎布拼接起来的一种特别的服饰装饰艺术。明清两代的"水田衣"就是运用了拼布工艺制作而成，色块斑斓，有现代艺术的风貌，如图6-1所示。

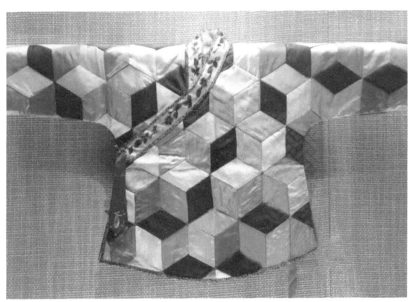

图6-1　清代"水田衣"

"水田衣"也是袈裟的别名，清代钱大昕在《十驾斋养新录·水田衣》中说道："释子以袈裟为水田衣。"因用多块长方形布片连缀而成，宛如水稻田之界，故叫"水田衣"，也叫百衲衣，"百衲"有多多纳福，多多惜福之意，如图6-2所示。

图6-2　现代拼布汉服样式

古人用拼布做服饰，除了寓意吉祥，还有"变废为宝"的节俭之风。在古代民间，人们自己养蚕种麻、缫丝织布、沤麻编织、漂洗染色，一匹布倾注了大量的时间和精力。裁完衣裳之后，剪下的边角布料不会丢弃，而是慢慢储存起来，存多了之后依据一定的形状，就可以拼成一件孩子的围嘴，或者一床姑娘出嫁的被面，简单、纯朴而别致，如图6-3所示。

图6-3　清末汉族儿童拼布围嘴局部

（图片来自作者收藏）

我国朝鲜族拼布艺术大师金媛善老师将传统文化与现代时尚完美结合，她的作品具备了最真实诚恳的心意，不仅有很强的实用性，而且具有视觉上的审美性，配色高级大气，使原本普通的拼布手工艺品有了极高的艺术价值。见图6-4、图6-5。

图6-4　金媛善老师的拼布艺术作品

图6-5　金媛善老师拼布作品

用拼布工艺塑造服装立体效果，通过不同的材质肌理对比和色彩对比，可塑造丰富的艺术视觉，见图6-6。

图6-6　金媛善老师的拼布服装

6.1 聚酯双面缎纤维性能

聚酯纤维（polyester fiber），俗称"涤纶"，简称 PET 纤维，属于高分子化合物，它于 1941 年被发明，是当今世界上合成纤维的第一大品种。

聚酯纤维最大的优点是抗皱性和保形性极好，具有较高的强度与弹性恢复能力；它坚牢耐用、抗皱免烫、不粘毛，产品形式多种多样。

缎面：缎面是一种比较厚的正面平滑有光泽的丝织品，也可以用化纤制作。缎面品种很多，缎纹组织中经、纬只有一种以浮长形式布满表面，并遮盖另一种均匀分布的单独组织点。

常见的缎面有花软缎、素软缎、织锦缎、古香缎等。花软缎、织锦缎、古香缎可以做旗袍、被面、棉袄等。

现代的缎面组织可以制作礼服、外套、衬衣、裙子、裤子等。

6.2 感知聚酯双面缎面料

样布：工业生产双面聚酯面料、白色、缎面。
手感：厚实带糯性、爽滑、微弹、质地柔软。
观感：漂白、平滑光亮、双面一致。
悬挂：垂感好、挺括，30cm 面料悬垂产生的角度约为 60 ~ 80 度（图 6-7）。
微观：观布镜下的纤维光泽感强，纤维紧密（图 6-8）。

 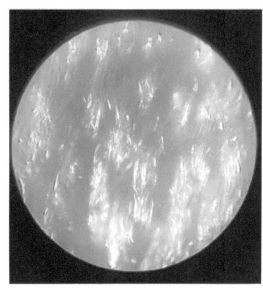

图 6-7 聚酯面料悬垂度测试　　　　　图 6-8 聚酯面料纤维放大效果

服装造型推荐：利用其挺括、爽滑的特点来塑造连身裙的微喇立体造型，下摆自然张开，胸口用拼布的造型手法做装饰。

6.3　聚酯双面缎"拼布连身裙"的立体造型

6.3.1　款式分析

本款连身裙（图6-9）的主要设计点在上身前半部分，胸前装饰了拼布八角星纹，在拼布的接缝处巧妙地将胸省和腰省合并，连缝并省。

拼布的四角用手工挑花工艺加以装饰，达到形式上的完整和平衡。

左右袖子中缝、肩缝和领围部分用连续的一条荷叶边进行装饰，塑造线条流动感。

后半身上下连体，用公主线分割，连省成缝。

图6-9

6.3.2　操作步骤

（1）备布

图 6-10：备布图。

BF：后中线。

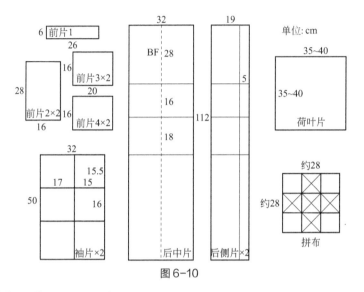

图 6-10

（2）贴人台标记线（1:2 人台）

图 6-11：先贴红色基准线，再用黑色标记带贴出前胸分割线与拼布造型线。

图 6-12：用红色标记带贴出后半身的基准线，用黑色标记带贴出后领围线，从基准线往下调整 1～2cm。

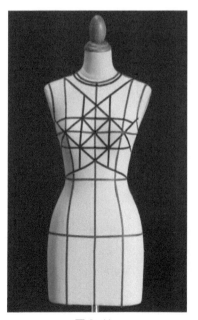

图 6-11

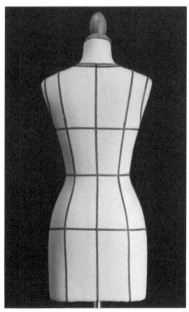

图 6-12

图 6-13：侧面标记线。

（3）制作前胸拼布

图 6-14、图 6-15：量取胸口拼布的三角尺寸，裁剪布片，分别是中间 2 片深蓝色、2 片白色构成正方形，4 片浅黄色构成中间 4 个角，8 片浅蓝色构成八角纹的 8 个角。

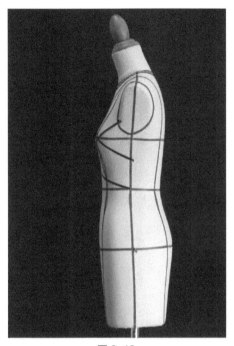

图 6-13

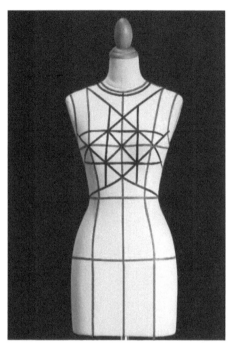

图 6-14

图 6-15

图6-16、图6-17：用缝纫机将几块小三角按照拼布八角规律缝合起来，注意缝合时线要整齐。

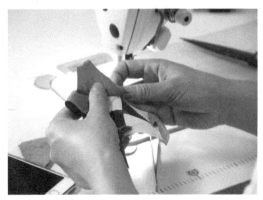

图6-16　　　　　　　　　　　　　　　　　图6-17

图6-18、图6-19：将拼布部分缝好，放到人台上对位检查。

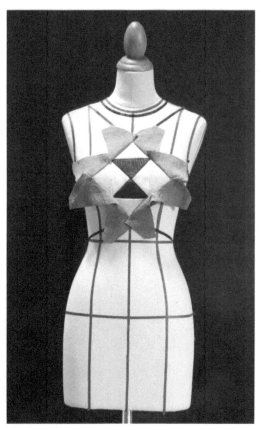

图6-18　　　　　　　　　　　　　　　　　图6-19

（4）做前衣身部分

图6-20、图6-21：第一片，领围衣片，将面料1放置到人台前身，对位前中缝，顺

着人台黑色结构线，用笔点影出领围处的衣片，注意留出些许松量。

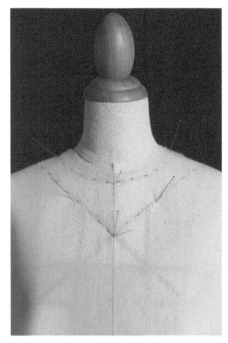

图 6-20

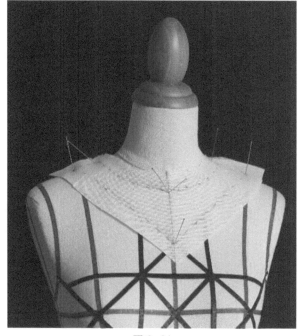

图 6-21

图 6-22：第二片，右边上侧片按照八角纹边缘裁好，点影，修顺线条。

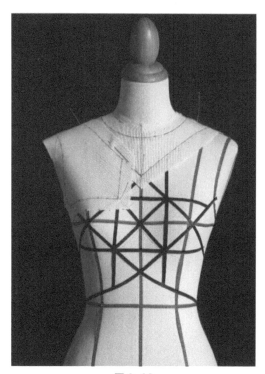

图 6-22

图 6-23：第三片，做前右下侧片，注意留出松量。

图 6-24：第四片，留出松量，下端腰线处打开剪口，让面料服帖。

图 6-25：拷贝右身 4 片衣片，作为左身衣片，左右对称。

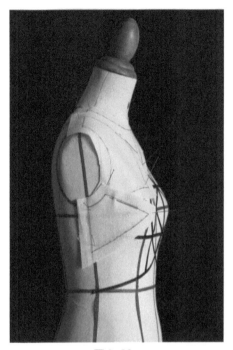 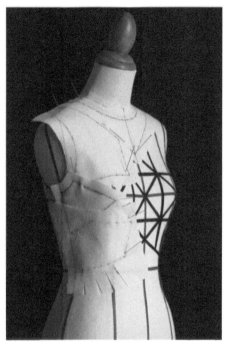

图 6-23 图 6-24

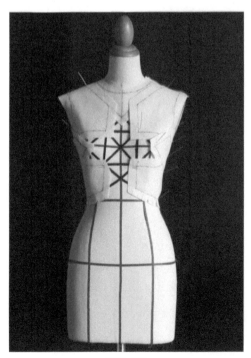

图 6-25

图 6-26、图 6-27：缝合左右 8 片衣片；再与拼布八角纹缝合在一起。

注意点：在缝合八角拼布与其他 8 片衣片时，由于拼缝较多，转角较急，堆积的面料毛边也比较多，缝合时容易对位不整齐，一定要做好标记，缝合准确。

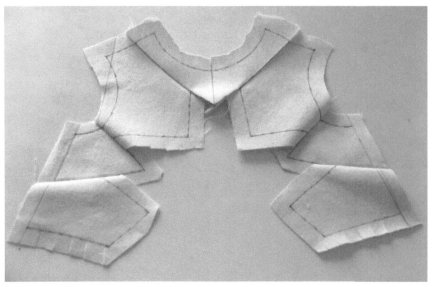

图 6-26

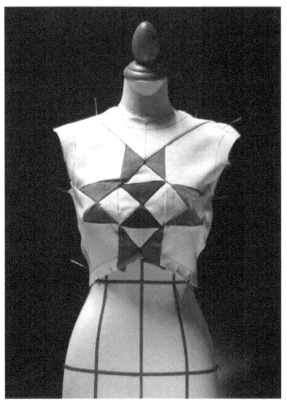

图 6-27

（5）做裙身

图6-28：将前裙片中缝、臀围线与人台标记线对位，插针固定。

图6-29：对准人台公主线，捏出省量，点影做好标记，左右长度相等、对称。

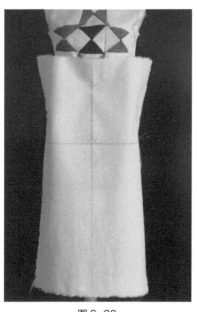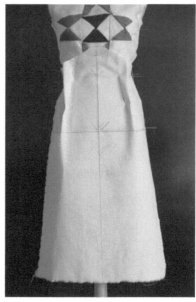

图6-28   图6-29

图6-30：将省量缝合一半，下半部分放开不缝合，形成半活褶，裙摆呈小A字型。

图6-31：将后裙片上下左右十字对位，固定后领窝点、胸围与前中交叉点、臀围与前中交叉点，顺着公主线修剪上半身两边的面料。

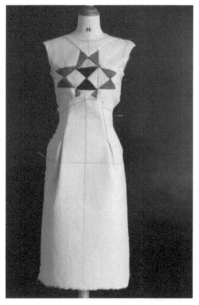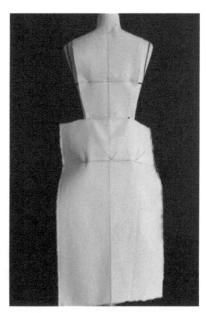

图6-30   图6-31

图 6-32：修剪完毕后，顺着人台公主线贴上标记线做标记。

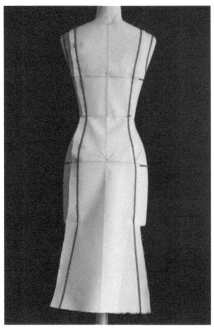

图 6-32

图 6-33、图 6-34：做裙子下半身，在腰围侧缝处打剪口，别合从侧缝到臀围，再沿着侧缝往下，将裙摆侧缝往外放出一些摆量，约 4cm。公主线连接缝顺着底下的标记线修剪出来。

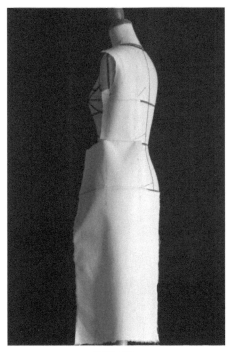

图 6-33

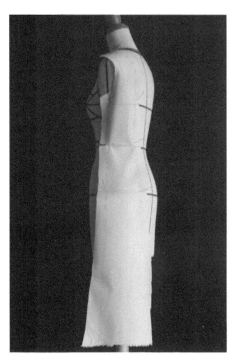

图 6-34

图 6-35：拷贝衣片，复制到另外半身。

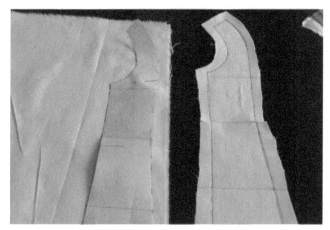

图 6-35

图 6-36、图 6-37、图 6-38：用针别合连接上衣和下裙，裙片和压衣片。

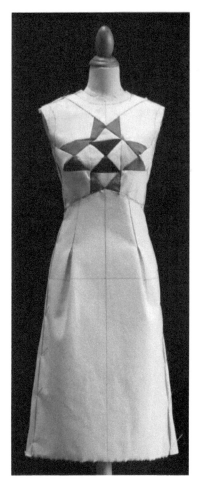

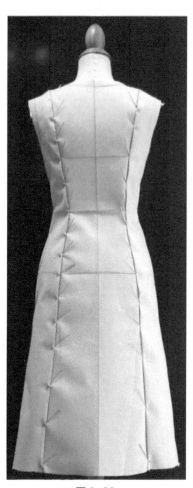

图 6-36　　　　　　　　　　图 6-37　　　　　　　　　　图 6-38

（6）平面裁剪、立裁上袖

图6-39：袖子平面图。

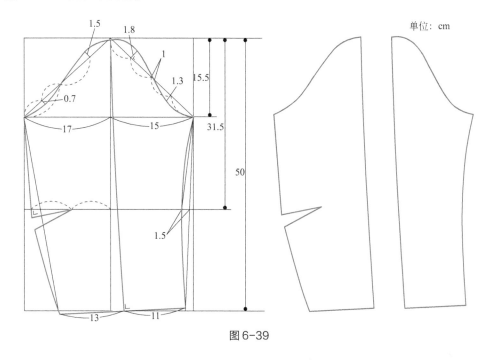

图6-39

图6-40：将平面袖子整理到衣身袖窿线上，从下往上，用大头针细致地别好，或者用缝纫机缝好。

图6-40

图 6-41：量取前身领围线的长度、左右两侧从领围线至袖口的长度，加起来的值为用来做装饰荷叶边的内弧长度。

图 6-42：裁剪荷叶边，形成渐变宽度，保持两头即两侧袖口的宽度相同。

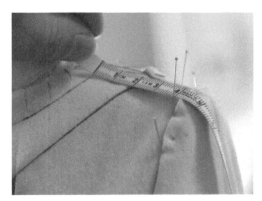
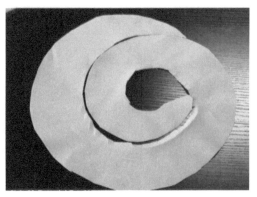

图6-41 图6-42

图 6-43：将荷叶边从中间领围线开始，向两侧分别别进领围、肩缝与袖子中间的接缝，形成自然的荷叶边，调整两侧的量保持大致的平衡，无须完全一致，在统一中有些许变化即可。

图6-43

图 6-44、图 6-45：整体调整接缝、放松量和前后身的结构，完成拼布连身裙的立体造型。

图6-44

图 6-45

第7章

三维虚拟仿真服装创意立体造型——
丝质荷叶边连体裤礼服

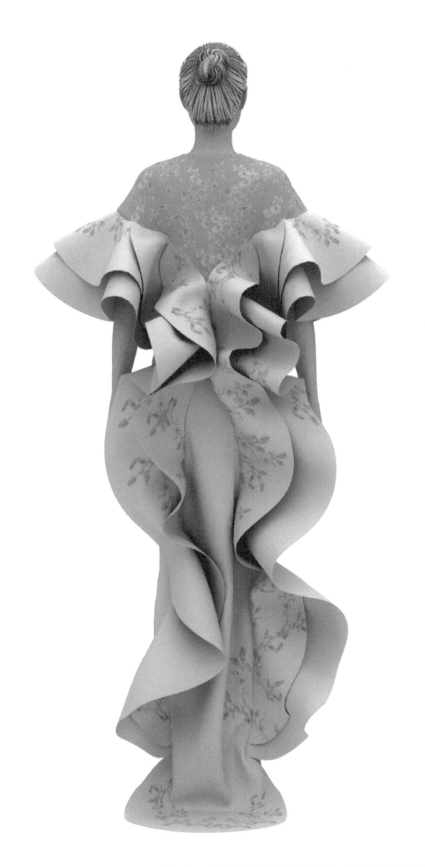

7.1　三维虚拟仿真服装立体造型的特点

在服装设计一体化教学仿真软件"CLO ENTERPRISE"中（图7-1），二维制版与三维试穿同时进行，发现问题可马上进行修正，在短时间内获得想要的设计效果；操作方便、节省了实际立体裁剪中大量消耗的面辅料；效果直观，设计和缝纫完毕后，进入模特走秀阶段，可观察服装的舞台效果。

图 7-1　服装设计一体化教学仿真软件"CLO ENTERPRISE"图标

7.2 荷叶边连体裤礼服的三维虚拟仿真服装立体造型

7.2.1 款式分析

选用较厚的丝绸面料设计荷叶边连体裤礼服。

在连体裤礼服的背部，延伸了大廓型的荷叶边，线条流畅，荷叶边一直拖曳到地面。

这件礼服廓形简洁，但又进行了细节上的精致设计，比如肩部拼接了透明面料，还装饰了大量刺绣图案（图7-2）。

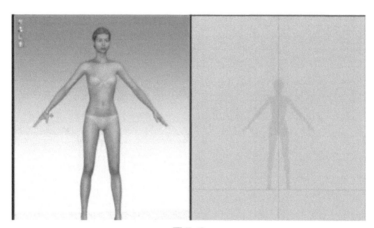

图7-2

7.2.2 虚拟立裁操作步骤

在虚拟立裁之前，先选好一个合适的女模特，给人体三围和前后中缝贴上标示线。

分别是前后中缝、胸围线、腰围线、臀围线，见图7-3。

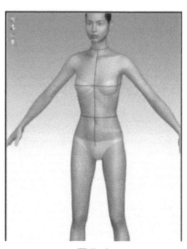

图7-3

（1）上半身的操作

① 前衣片立裁

图 7-4：先在二维视窗中顺着人体的右半身，粗略绘制衣片的形状，这相当于是我们在人台上粗裁出一个基本型，然后再细致修改各个部位的结构线，将袖窿线和领围线慢慢地修圆顺。

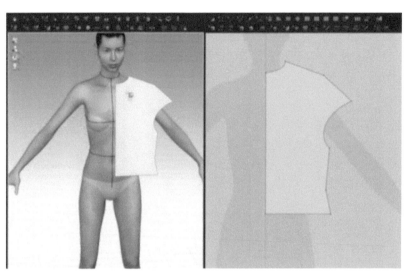

图 7-4

在三围视窗打开一个贴覆的工具，就如同大头针一般，将衣片的前中缝和领围线固定到人台上，将衣片整理到肩部上，见图 7-5、图 7-6。

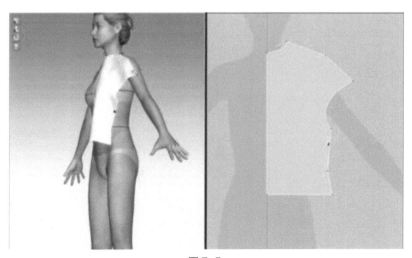

图 7-5

② 后身片的立裁

复制前片，放到后半身，抬高领围线，后领围线要高于前领围线，领深 4cm 左右。见图 7-7、图 7-8。

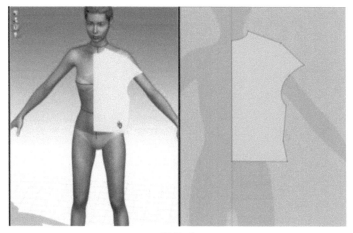

图 7-6

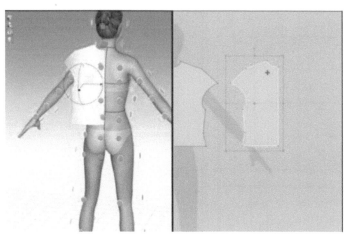

图 7-7

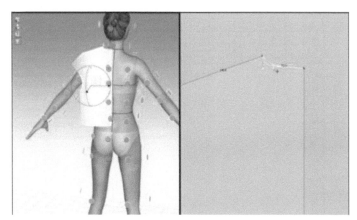

图 7-8

　　修改前后片肩部线条，可以先将两片衣片的肩缝和侧缝缝合起来，给模特试穿，见图 7-9、图 7-10。

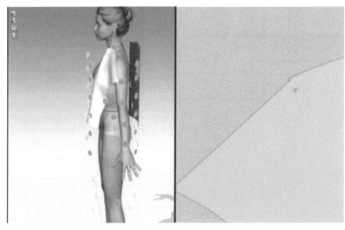

图 7-9

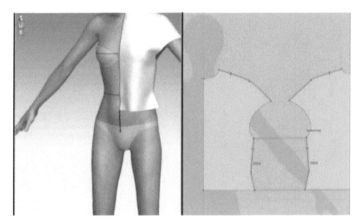

图 7-10

　　检查衣身各个部位，调整袖窿的深度和曲线，调节袖子的长度和袖口的圆顺度，下摆侧缝有点起翘，修改一下，让它与衣身服帖，见图 7-11、图 7-12。

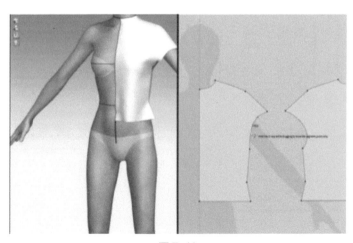

图 7-11

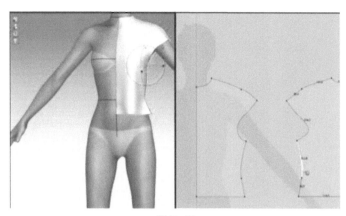

图 7-12

虚拟立裁的最大的优点是可以一边修改平面版型，一边立刻能看到衣服穿在模特身上的效果。

转动模特，360 度观察一下，衣身如果不合体，可以将前片腰部多余的量做成腰省，前腰省是三角形结构，见图 7-13、图 7-14。

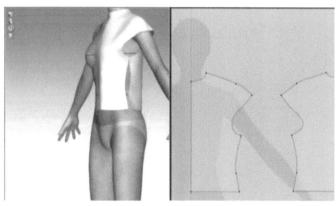

图 7-13

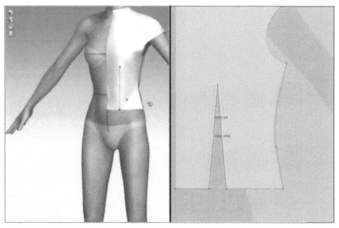

图 7-14

后腰省因为肩胛骨、腰、臀的差量做成了一个橄榄型省道，见图7-15。

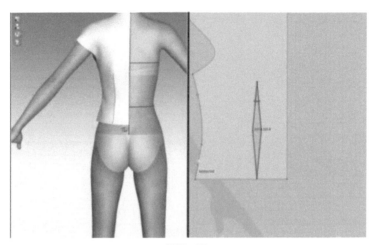

图7-15

胸部还有多余的松量，需要在袖窿处做一个胸省，合并省道，使衣身变得更加合体，见图7-16。

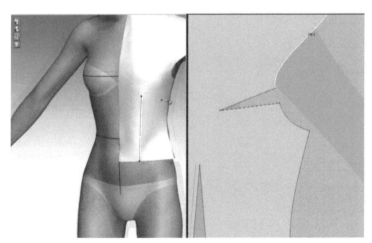

图7-16

③ 上身的整合

将前后片镜像复制，摆到人台上，缝合后，再次360度旋转，检查穿着状态，调整各个局部，用抓手工具扯动调整，让服装穿到位，一直调整到满意的程度，见图7-17、图7-18。

（2）下半身裤子的立裁操作

用立体裁剪的方法做裤子，会使裤身更加合体。

① 前裤片

先量取上衣下摆的长度，从前裤片的腰线开始做起，顺着人体轮廓依次绘制外侧缝、裤脚、内侧缝、裆弯，见图7-19。

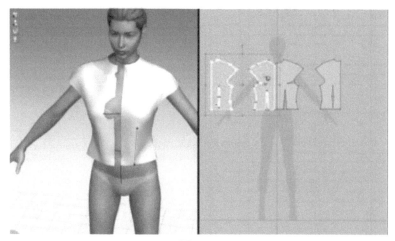

图 7-17

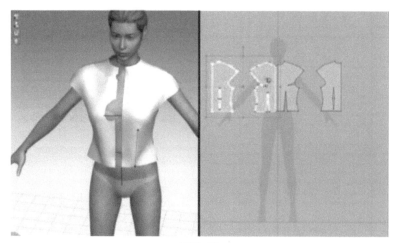

图 7-18

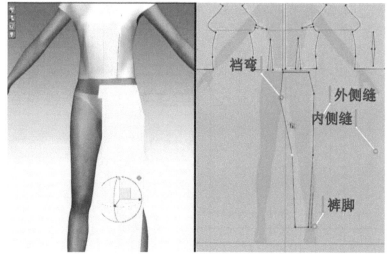

图 7-19

粗裁都是直线，裁片后，可以逐步顺着人体修改成曲线，见图 7-20。

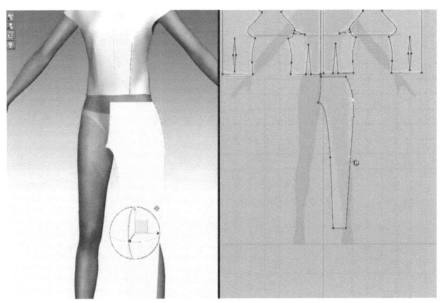

图 7-20

② 后裤片

在前裤片的基础上，镜像复制前裤片，根据人体腿部后半身的体型，调整尺寸，得出后裤片的纸样，见图 7-21、图 7-22。

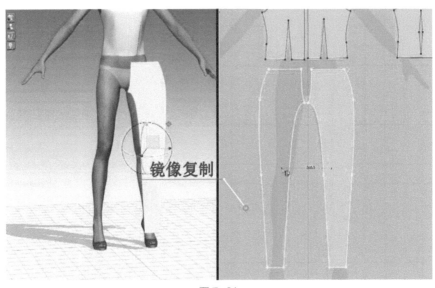

图 7-21

③ 裤片试穿

镜像复制完整前后片，缝合上下衣裤的腰线，内外侧缝和裆部，试穿到模特身上，见图 7-23、图 7-24。

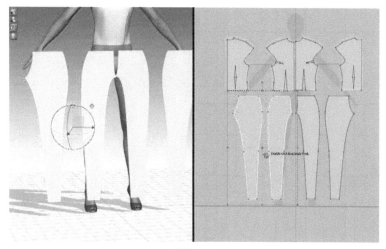

图 7-22

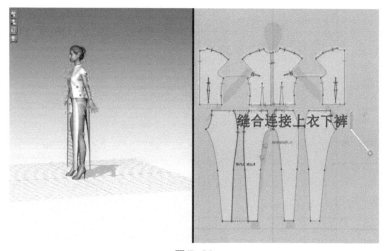

缝合连接上衣下裤

图 7-23

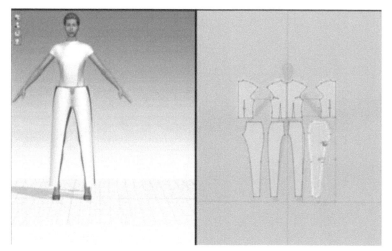

图 7-24

　　要使裤子比较合体，在调整裆部的时候，需要花较多的时间和精力来调整，以达到舒适度与造型要求的平衡，见图7-25。

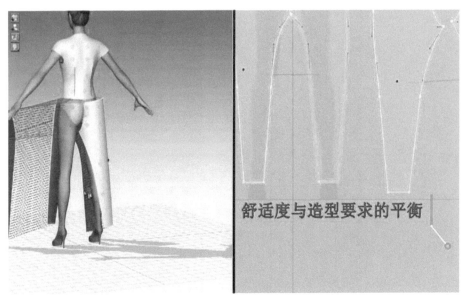

图7-25

　　在操作软件的时候，衣片的摆放位置，压力点位置的改变也会影响到衣服的穿着效果。

④上半身面料与结构的造型设计

　　将上衣的前后片的横向分割线画出来，这里的分割线有两个意义，一是为了拼接透明与非透明面料，二是后半身的荷叶边需要缝到合缝里面去，前衣身分割线比较平，后衣身的分割线呈下凹三角形，见图7-26。

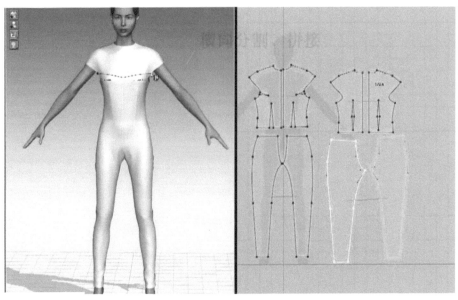

图7-26

修改衣身上半部分的面料材质，变成透明的弹力欧根纱，透明与不透明面料形成鲜明对比，增加了服装的美感，见图7-27、图7-28。

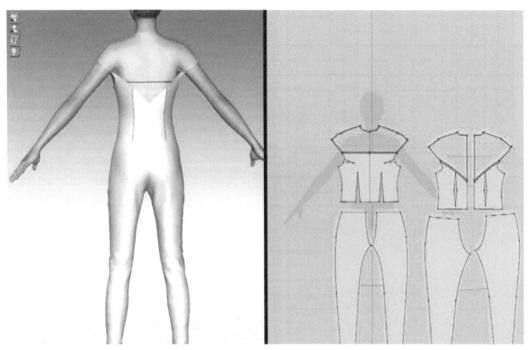

图7-27

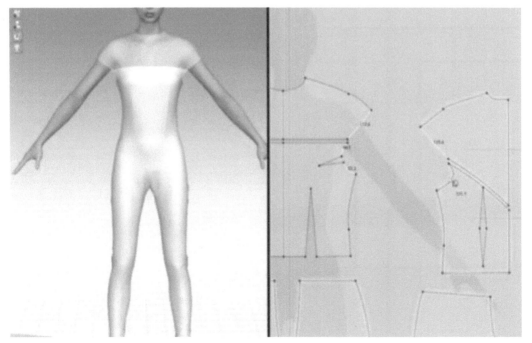

图7-28

⑤ 袖子的制作

袖子呈喇叭状，需要有骨感的丝绸面料，这样塑造的下摆弧线才能张开，还能波浪起伏。

先圆裁一块面料，取合适的半径，半径即袖子长度，将其放置到手臂上端调整角度，与衣身袖窿缝合，见图7-29、图7-30。

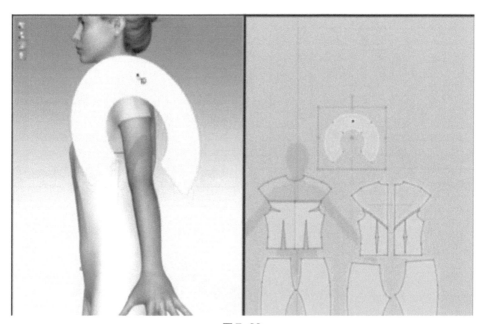

图 7-29

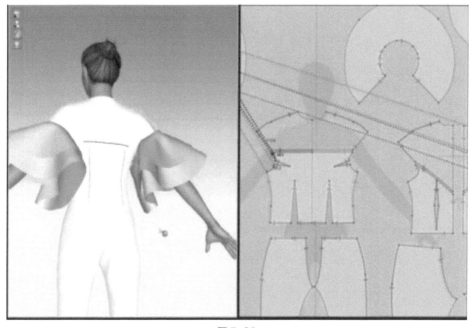

图 7-30

⑥ 做后身上的大荷叶边与中间插片

做后身上的装饰荷叶边，先调节一下分割线与袖窿线的关系，再在裤子后片上剖出一条纵向分割线，控制荷叶边的走向，见图 7-31、图 7-32。

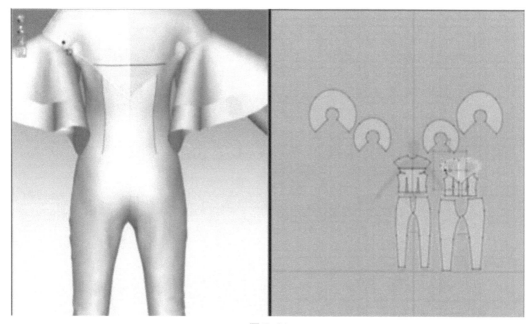

图 7-31

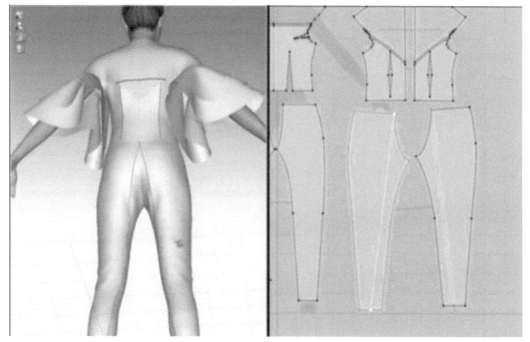

图 7-32

在二维区域取一个较大的圆，取边上的一段，制作后背上的装饰荷叶边，更换硬挺的面料材质，用手调节荷叶边的倒向，见图 7-33、图 7-34。

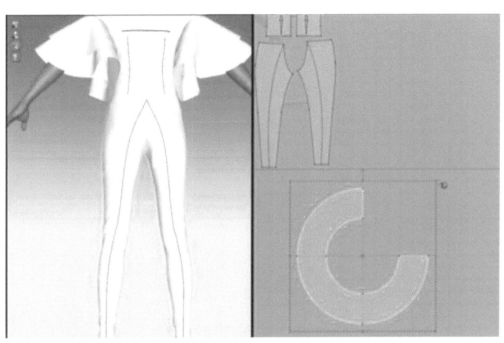

图 7-33

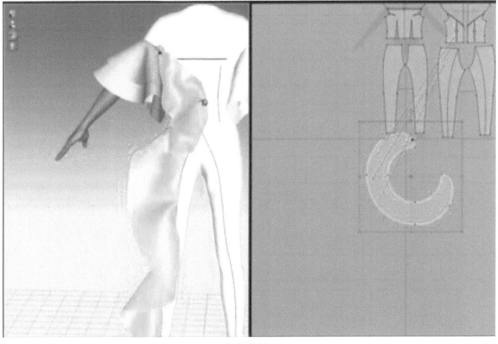

图 7-34

裁出第二片较小的荷叶边，缝合到第一片荷叶边上面，调节好两片荷叶边的位置关系，见图 7-35、图 7-36。

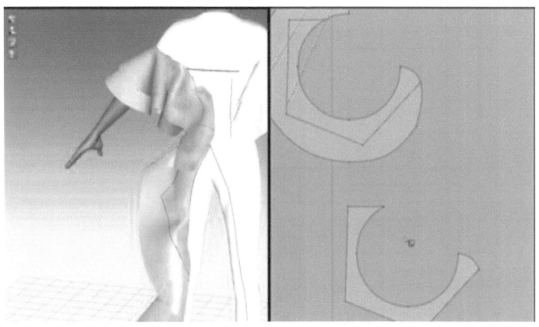

图 7-35

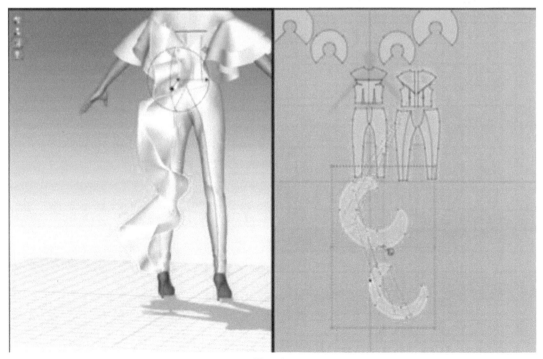

图 7-36

复制左半身两片荷叶边，缝合到右半身，调整局部效果，见图 7-37、图 7-38。

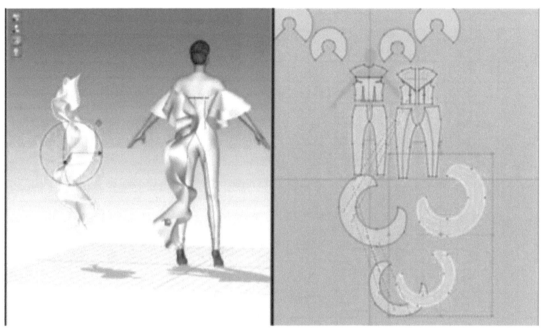

图 7-37

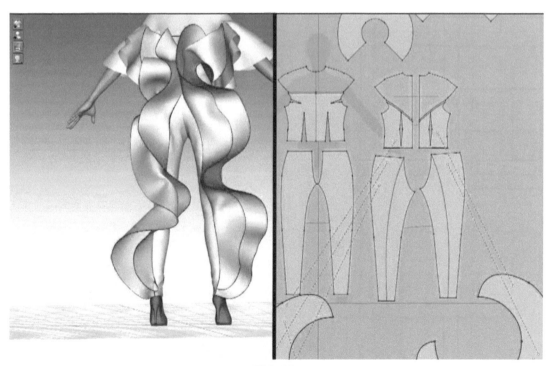

图 7-38

做中间的装饰插片，先按照裤腿分割线的形状绘制出插片的形状，见图7-39。

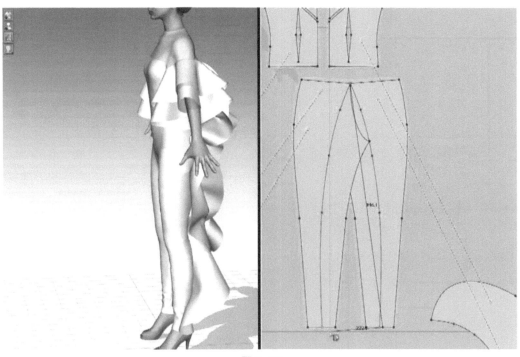

图7-39

将插片调整到合适、美观的形状，缝合到裤子分割缝中，下摆拖地，见图7-40。

图7-40

整体调整，将局部形状调整到美观状态，见图 7-41、图 7-42。

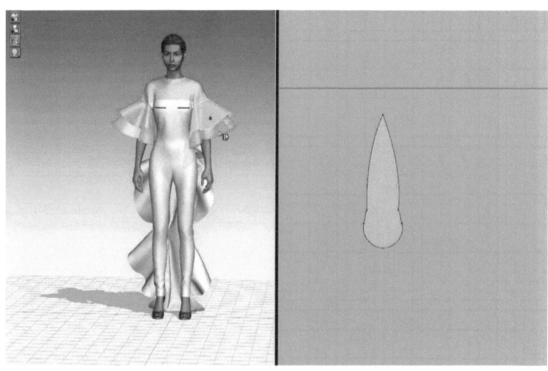

图 7-41

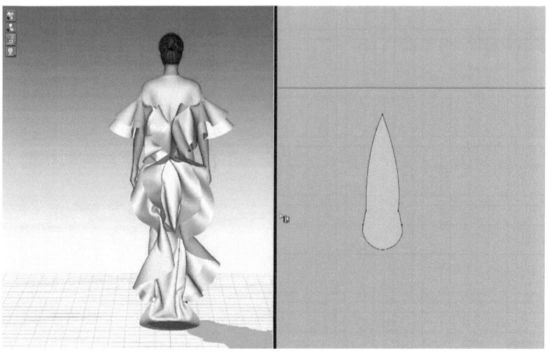

图 7-42

调整服装的色彩和材质，呈现出丝绸的色彩和质感，见图 7-43。

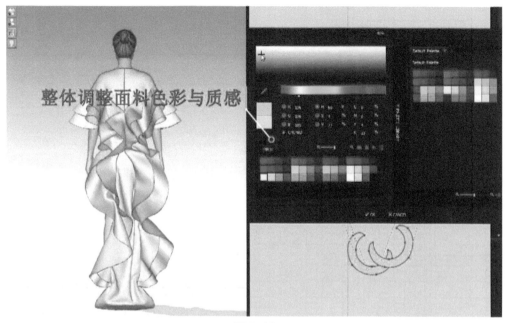

图 7-43

⑦ 添加刺绣装饰

在衣身上合适的位置加上备好的刺绣图案，调节刺绣图案的大小和方向，服装的上半身、外层的袖子和荷叶边上都有刺绣图案，依次调整位置，见图 7-44。

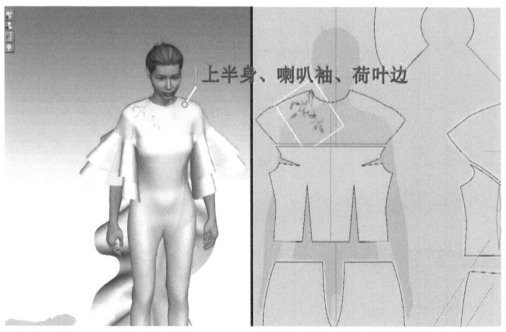

图 7-44

　　整理图案需要耐心和细致的态度，用三维仿真软件来增加刺绣装饰，非常容易定位刺绣图案，比实际操作更加省时省力，见图 7-45、图 7-46。

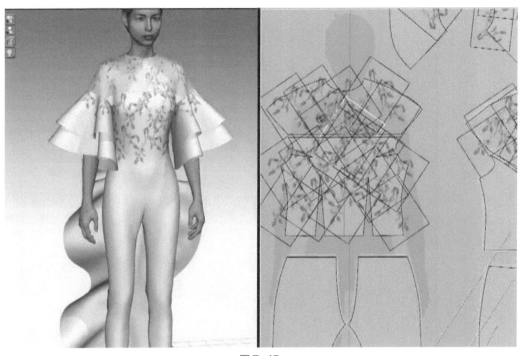

图 7-45

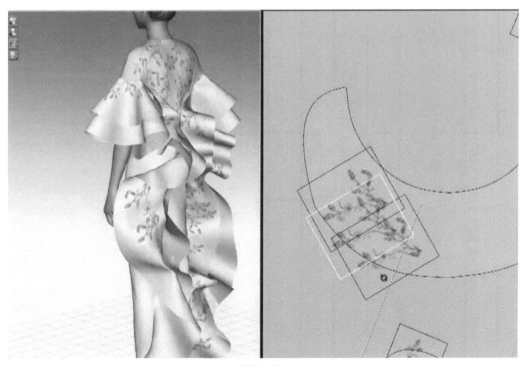

图 7-46

⑧ 走秀

打开走秀界面，让模特走动，检查服装立体造型的前后效果，见图 7-47 ～图 7-49。

图 7-47

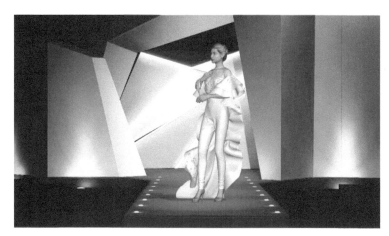

图 7-48

图 7-49

三维虚拟仿真服装立体造型适用于在参加比赛、毕业设计和走秀之前预先制作出服装，查看设计效果，也适用于服装品牌公司出样，提前给客户看样。它是一种先进实用的效果软件，可以直观地制板打样。

视频：荷叶边连体裤礼服——3D虚拟仿真立体裁剪

视频7

参考文献

[1] 甄珠.创意成衣立裁 [M].上海：东华大学出版社，2019.

[2] 姚穆.纺织材料学 [M].北京：中国纺织出版社，2015.

[3] 刘咏梅.服装立体裁剪（基础篇）[M].上海：东华大学出版社，2016.

[4] 刘咏梅.服装立体裁剪（创意篇）[M].上海：东华大学出版社，2016.

[5] 邱佩娜.创意立裁 [M].北京：中国纺织出版社，2014.

[6] 中道友子.中道友子的魔法裁剪 [M].伦敦：Laurence King，2016.

[7] Anni Albers. On Weaving: New Expanded Edition[M].美国：Princeton University Press，2017.

[8] 小池千枝.文化服装讲座（新版）：立体裁剪篇 [M].白树敏，王凤岐，译.北京：中国轻工业出版社，2000.

[9] 鸟丸知子.一针一线　贵州苗族服饰手工艺 [M].蒋玉秋，译.2 版.北京：中国纺织出版社，2001.

[10] 陈彬.时装设计风格 [M].上海：东华大学出版社，2016.

[11] 贡布里希.秩序感 [M].梁思梁，徐一维，范景中，译.广西：广西美术出版社，2015.

致谢

本书的出版得到了江苏省品牌专业建设项目的资助。

感谢在我成长过程中认识的老师和同学们，师长的提点让我茅塞顿开，同学的鼓励使我更加勇敢，经历挫折让我明白一些道理。未来的路，我希望我们还能一起探索下去。

在编写期间，得到了常州纺院领导们的关心和督促，也获得了我先生吴军永工程师、同事丁学华老师、朋友何夏慕女士的帮助和格林兄弟有限公司的技术支持；在我和张晶暄老师辛苦编撰过程中，学生陈玉玉和陈雅婷也给我们提供了不少帮助；出版社的编辑也给了很多中肯的建议；此外，还有很多关心和帮助我们的同事与朋友，在此一并感谢！

王淑华

2020 年 4 月于江苏常州武进区